つまずきをなくす 小4〔改訂版〕 算数文章題

【わり算・線分図・小数や分数・計算のきまり】

西村則康

実務教育出版

はじめに

「うちの子、計算はできるんですけど、文章題になるとからっきしだめなんです……。どうしたらいいんでしょうか？」

このようなご相談をたくさんいただいています。本書初版は、そのようなご相談への返答のつもりで作り上げました。おかげさまで、多くの小学生に使っていただいているようで、すべての学年で版を重ねています。

そして、このたび学習指導要領改訂に合わせて改訂版を刊行することになりました。

小学４年生は、算数の文章題が得意になるか苦手になるかの分水嶺（ぶんすいれい）にあたります。そして、多くの子どもたちが、算数が急に難しくなったと感じ苦手意識を持ち始めます。

その理由は次の３つです。

① これまでの整数を中心とした問題から、分数や小数を中心とした問題に変わるため、具体的なイメージが沸かない。

② 一つだけの作業ではなくて、二つ以上の作業を求められる問題が増える。

③ 多くの言葉を理解して、それを使い分ける必要がある（合わせて・違いは・和は・差は・全部で・何倍・概数・四捨五入・およそなどの言葉と、作業を結びつけることに慣れていない）。

計算は、くり返しの練習で熟練度が高まってきます。ところが、文章題はこの学年あたりからくり返し学習の効果が薄れてくるのです。その理由は、数字のイメージを持ち、言葉と作業の種類をしっかりとつなげるには、子どもなりの納得感が大切だからです。納得感を高めるには、子どもたちが新たな知識を習ったときに、子どもたち自身が過去に学習したり経験した事柄につなげて、「なるほどそうすればいいのか！」「なるほど、そりゃそうだよな！」というような、腑に落ちる感覚を味わってもらうことが大切なのです。

そうなると、文章題を解く一連の流れ（①問題文をしっかりと読む→②題意を理解して、作業をイメージする→③式を書く→④計算をする→⑤答えを書く）の中で、①②③が非常に大切だということになります。

本書は、文章題を得意になってもらうために、上記の①②③を踏まえて、次の３つのことに留意しました。

① 説明は、“語りかけるような”文章とすることで、子どもたちが作業をイメージしやすくなることを心がけました。
② 図を多く入れて、「まとめる」「切り分ける」などのイメージを理解しやすくしました。
③ 問題ごとに「式」の欄を設けました。また例題においては、式を誘導するように心がけました。

本書が、多くの子どもたちが文章題を好きになるお手伝いができることを、心から祈っています。

おうちの方へのお願い

文章題を学習するときには、子どもの気持ちが安定していることが大切です。そして、子どもの心に、「この問題は僕に（私に）解けそう」という、ちょっとした成功の予感が芽生えれば、より積極的に問題に取り組めるようになります。

お子さんが、積極的に問題に取り組めるように、声かけの工夫をお願いします。「あなたは、ちゃんとできる子だと信じているよ」というメッセージを伝えてほしいのです。

「ちゃんと読まないから解けないのよ。ちゃんと読みなさい！」
「こんなことがなぜできないの。しっかり考えなさい！」
このような、叱責を含んだ激励は厳禁です。

そうではなくて、
「焦らずに、音読から始めてみれば。あなただったら大丈夫よ」
「まちがい、惜しかったね。考え方は合っていたのにね」
このような、ねぎらいや励ましの声かけをお願いします。また、正解できた問題について、
「解けたのね、さすが！　どのように考えたのかお母さんに教えてくれる？（“説明しなさい”という詰問口調はよくありません）」というように、お子さんが説明する機会を作ることで、理解はより深まります。

2020年9月　西村則康

小学生のお子さんが「文章題が苦手」になってしまうケースには、主に右の３つの原因があります。どれか１つの原因によって苦手になっていることもあれば、いくつかの原因が重なっていることもあります。

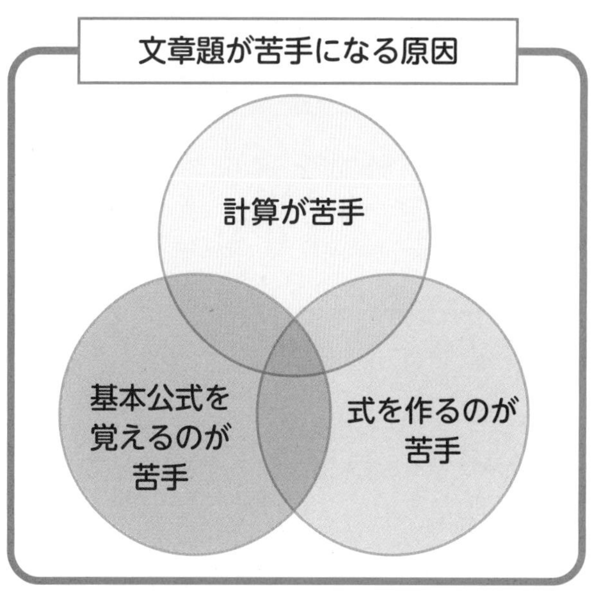

計算が苦手なために文章題も苦手になっているお子さんについては、「つまずきをなくす算数」シリーズの『つまずきをなくす 小４ 算数 計算【改訂版】』（実務教育出版）を用いて、まずは計算力を確実にしていくことをおすすめいたします。

「計算はできるのだけれど……」というお子さんは、本書を通じて「基本公式を覚えるのが苦手」「式を作るのが苦手」を克服してください。

本書の各単元（たんげん）は、「つまずきをなくす説明」「たしかめよう」「ためしてみよう」の３部構成となっていますが、どのページも直接本書に書き込むことができますので、ノートや計算用紙の準備とスペースを必要としません。考えることや覚えることだけに集中することが可能な教材です。

全問題、式を書くスペース、大きめの余白を設けてありますので、式を書き、筆算などの計算も書くようにしましょう。そうすればもし問題をまちがえた場合でも、「式を立てまちがえた」「計算をまちがえた」といった、まちがいの原因がすぐにわかります。

まちがえた原因を、お子さん自身の力で発見できるようになれば、力がついてきている証（あかし）です。お父さん、お母さんは「惜しかったね。まちがえた原因が、式なのか、計算なのか、見つけられるかな？」のようにお子さんを励ましながら、苦手克服にお導きいただければと思います。

本書の各単元（たんげん）は前述のように、「つまずきをなくす説明」「たしかめよう」

「ためしてみよう」の3部構成となっています。標準的な使い方は、以下のとおりです。

✳つまずきをなくす説明…問題を解いていく過程を追うことで、単元(たんげん)の学習テーマを身につけるページです。このパートをしっかり読んで、その単元(たんげん)で何を学習するのか理解したうえで「たしかめよう」に進んでください。「たしかめよう」にある「練習問題」でまちがいがあった場合、「つまずきをなくす説明」にもどるという進め方でよいと思います。

「つまずきをなくす説明」の「考え方のポイント」部分には、文章を読んで式を立て、その式を計算して答えを出すまでの過程がすべて書かれています。読んでみて「あぁ、そういうことなんだ」と理解ができれば、次の「たしかめよう」に進みます。

✳たしかめよう…「つまずきをなくす説明」がきちんと理解できたかどうかを確認するページです。問題を解いていく過程のうち、一部分が空欄となっており、そこを埋める形で理解を進めていきます。原則として、「つまずきをなくす説明」の問題1と「たしかめよう」の練習問題1、「つまずきをなくす説明」の問題2と「たしかめよう」の練習問題2というように、同じ番号ごとに同じテーマになるように作られています。

ですから、仮に練習問題2がわからないようであれば、「つまずきをなくす説明」の問題2に立ち返って説明を読み直すようにご指導ください。

✳ためしてみよう…各単元(たんげん)に、難度別に数問ずつ、演習問題をご用意しました。基礎的なものからハイレベルなものまで、★の数で難度を表しています。★から★★★までありますから、★と★★の問題までを自力で解けることを目標に解いてみましょう。「この単元(たんげん)は得意！」という単元(たんげん)や、学習時間などに余裕があるとき、挑戦してみたいなと思ったときなどに、★★★の問題にも取り組んでみてください。

難しい問題ですから、もし正解できなくてもくよくよすることはありません。難しい問題には、ページ下にヒントやアドバイスなども掲載していますので、よく読んで考えてみましょう。

「つまずきをなくす説明」「たしかめよう」「ためしてみよう」の３段階をとおして、「文章題が苦手」から「文章題は大丈夫」、さらには「文章題は大得意」と、お子さんのステップアップの一助となることができれば幸いです。

つまずきをなくす学習のポイント　小学４年生の文章題

本書は、下記の17の単元からできています。表の＜単元と学習の達成目標＞と＜つまずきをなくす学習のポイント＞を参考に、学習を進めてください。

単元と学習の達成目標

	単元名	学習の達成目標
①	わり算の筆算の文章題❶	わり算の筆算のしくみを理解する
②	わり算の筆算の文章題❷	3けた÷1けたの筆算を使う文章題ができるようになる
③	わり算の暗算の文章題❶	商が2けたになるわり算を暗算でできるようになる
④	わり算の暗算の文章題❷	何十、何百でわるわり算の文章題を理解する
⑤	わり算の筆算の文章題❸	2けたでわるわり算の文章題を理解する
⑥	考える力をのばそう ちがいに目をつけて	2つの数の合計とちがいから、それぞれの数を出せるようになる
⑦	がい数の文章題	切り上げ、切り捨て、四捨五入のしかたを理解する
⑧	がい数を使った計算の文章題	およその数で計算できるようになる
⑨	小数のたし算とひき算の文章題	筆算で小数のたし算、ひき算ができるようになる
⑩	小数のかけ算の文章題	小数のかけ算の筆算のしくみを理解する
⑪	小数のわり算の文章題	小数のわり算の筆算のしくみを理解する
⑫	「〇倍」の文章題	「〇は□の△倍」という表現から、かけ算・わり算のどちらになるか判断できるようになる
⑬	分数のたし算とひき算の文章題	分数のしくみを理解し、同じ分母の分数のたし算、ひき算ができるようになる
⑭	共通部分に目をつけて	共通部分を見つけて、それ以外の部分からそれぞれの量がわかるようになる
⑮	計算のきまり	計算の順序を理解し、くふうして計算できるようになる
⑯	□を使った式	□を用いて文章の通りに式に表せるようになる
⑰	表やグラフを利用した問題	折れ線グラフや表で表されたデータの読み取り方を理解する

つまずきをなくす学習のポイント

① わり算の筆算の文章題❶

答えが2けた、3けたになる計算は、筆算で答えを出します。計算の順序(じゅんじょ)をしっかり身につけましょう。

② わり算の筆算の文章題❷

けたが大きくなっても、筆算の手順(てじゅん)は同じです。計算はあまりが出ることもあります。文章をよく読んで、あまりが出るときは、あまりも答えましょう。

③ わり算の暗算の文章題❶

「72 ÷ 3」の72を60と12に分解(ぶんかい)すると、どちらも3でわれます。このように、商が2けた、3けたになる計算を暗算でする練習を、文章題をとおして行います。

④ わり算の暗算の文章題❷

何十、何百でわるときも、0(ゼロ)を取ることで簡単(かんたん)に計算できます。「つまずきをなくす説明(せつめい)」のページをよく読んで、しくみを理解(りかい)しましょう。

⑤ わり算の筆算の文章題❸

2けたの数でわるわり算は、商の見当づけがポイントです。53⇒「だいたい50」といった「だいたいの数」で見当づけをする練習が大切です。

⑥ 考える力をのばそう　ちがいに目をつけて

「和差算(わさざん)」と呼(よ)ばれる文章題です。線分図をかいて、ちがいに目をつけて考えるのが最大(さいだい)のポイントです。

⑦ がい数の文章題

0～4は切り捨(す)て、5～9は切り上げることから「四捨五入(ししゃごにゅう)」ですね。四捨(ししゃ)五入(ごにゅう)したあとの数からもとの数のはん囲(い)がわかるまで練習しておくことが大切です。

⑧ がい数を使った計算の文章題

およその数を使って計算することで、結果(けっか)を予測(よそく)できるということが理解(りかい)できるかがポイントになります。

⑨ 小数のたし算とひき算の文章題

筆算で、小数点を上下でそろえるのが最も重要です。計算自体は整数の場合と同じですね。答えの小数点も忘れないようにしましょう。

⑩ 小数のかけ算の文章題

それぞれの数の右はしをそろえて筆算しますが、答えの小数点のつけ方が最大のポイントです。

⑪ 小数のわり算の文章題

他の計算同様、計算方法自体は整数のときと同じですが、商とあまりそれぞれへの小数点のつけ方をしっかり身につけましょう。

⑫「○倍」の文章題

かけ算、わり算のどちらになるかは、「○は□の△倍」という言い回しから判断します。数字だけを見て何となく決めないようにしましょう。5年生で学習する「割合」のきそ的な考え方となります。

⑬ 分数のたし算とひき算の文章題

分数のたし算、ひき算は、分子どうしをたし算、ひき算します。$\frac{8}{8}$のように分母と分子が同じ数になったら、「8つに分けた8つ分」ということで、1ですね。

⑭ 共通部分に目をつけて

「消去算」と呼ばれる文章題です。2つのものから共通部分を見つけ出せば、ちがいの部分が数の大きさのちがいだとわかります。目のつけどころを学習します。

⑮ 計算のきまり

＋、－よりも×、÷を先に計算すること、(　　)の中は先に計算することをしっかり覚えておきましょう。計算のくふうは覚えておくと後々役に立ちますね。

⑯ □を使った式

ことばの式を作って、それに数字や□をあてはめることがポイントです。中学校で学習する「方程式」につながる考え方です。

⑰ 表やグラフを利用した問題

折れ線グラフでは、グラフのかたむきから変化のしかたを読み取ることが大切です。また表では、縦の列と横の行の組み合わせから何について書かれた数字かが読み取れます。

つまずきをなくす
小4
算数　文章題
【改訂版】

もくじ

小4①

わり算の筆算の文章題①

つまずきをなくす説明

問題 1 90本のえん筆を、3人の子どもで同じ数ずつ分けます。1人分は何本になりますか。

考え方のポイント

全部の本数を3人で分けるので、わり算を使います。

今まで習ったのと同じ考え方です。

全部の本数 ÷ 分ける人数 ＝ 1人分の本数 ですね。

式は $90 \div 3$ です。

全体の本数が多いので、10本ずつくくって束にして考えましょう。

9個の束を3人で分けるので、

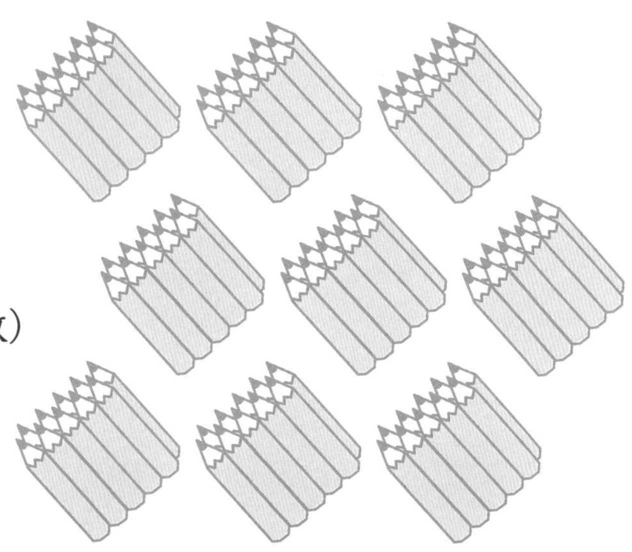

$9 \div 3 = 3$（束の数）

$3 \times 10 = 30$（えん筆の本数）

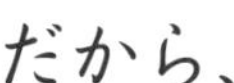

だから、

$90 \div 3 = 30$

答え：30本

問題 2 76まいの折り紙を、4人で同じ数ずつに分けます。1人分の枚数は何枚になりますか。

考え方のポイント

全部の枚数を4人で分けるので、わり算ですね。

大きな数をわるときは、筆算を使います。

式は **76 ÷ 4** です。

筆算のやり方を
思い出そう。

筆算で計算しましょう。

```
     1            1             19
4 ) 76   →   4 ) 76   →   4 ) 76
    4            4              4
                ---            ---
                36              36
                                36
                               ---
                                 0
```

$76 \div 4 = 19$

答え： 19 枚

小4① わり算の筆算の文章題①

答えは、別冊②ページ

練習問題 1 2800円を4人で同じ金額(きんがく)ずつに分けます。1人分の金額(きんがく)は何円になりますか。

式は [2800] ÷ 4 になります。

わられる数が大きいので、2800円を [100] 円玉ばかりと考えると、

[　　] 枚(まい)になります。

0(ゼロ)を取って計算するんだね。

1人分は、

[28] ÷ 4 = [　　] (100円玉の枚数(まいすう))

[7] × 100 = [　　] (1人分の金額(きんがく))

だから、

[2800] ÷ 4 = [　　]

答え：　　　円

練習問題 2

75人の児童(じどう)が5列に並(なら)びます。1列に並(なら)んでいる人数は何人になりますか。

式は 75 ÷ 5 になります。

筆算で計算しましょう。

筆算のやり方、忘(わす)れてないかな？

```
    □          1          1 5
5 ) 7 5    5 ) 7 5    5 ) 7 5
    5          5          5
           ------     ------
              2 5        2 5
                         2 5
                      ------
                           0
```

75 ÷ 5 = □

答え：　　人

小4① わり算の筆算の文章題①

答えは、別冊②ページ

1 420枚のカードを、7人の子どもに同じ枚数ずつ配ります。1人分は何枚になりますか。

【式】

答え：　　　　　枚

2 ある工場ではおもちゃを3600個作って、それを6台のトラックに同じ数ずつ積みこみました。1台のトラックには何個のおもちゃを積みましたか。

【式】

答え：　　　　　個

3 72ページの本を、1日に4ページずつ読んでいきます。何日で全部読み終わりますか。

【式】

【筆算】

答え：　　　　日

4 ケンタさんの学校の4年生は1組から3組まであり、全部で99人います。1組から3組まで同じ人数の児童（じどう）がいます。1組の人数は何人ですか。

【式】

【筆算】

答え：　　　　人

5 ケンさん、タツヤさん、モモコさん、ヤスエさんの年は合わせて44才で、みんな同じ年です。ケンさんは何才ですか。

何人いるのかな？

【式】

【筆算】

答え：　　　　　才

6 マリコさんのサンダルの左右の重さを量（はか）ると、両方で824gでした。左右のサンダルの重さが同じなら、右のサンダルの重さは何gですか。

左右だから、いくつでわるのかな？

【式】

【筆算】

答え：　　　　　g

7 あるビルの１階から５階まで、階段(かいだん)で上がると全部で88段(だん)ありました。どの階の間も、段(だん)の数は同じです。１階から２階までは何段(なんだん)ありますか。

階段(かいだん)はいくつあるのかな？

【式】

答え：　　　　段(だん)

【筆算】

小4②

わり算の筆算の文章題②

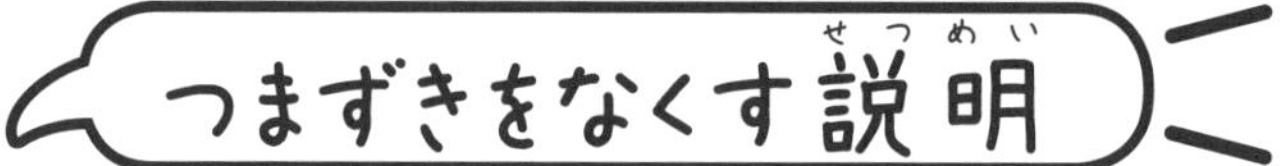

問題 1 135個のおはじきを、5つの箱に同じ数ずつ入れました。
1つの箱に入っているおはじきは何個ですか。

考え方のポイント

全部の個数を5つの箱に同じ数ずつ入れるので、わり算を使います。

全部の個数 ÷ 箱の数 ＝ 1箱分の個数 ですね。

式は 135 ÷ 5 です。

1÷5はできないから
商が立つのは
十の位からだね。

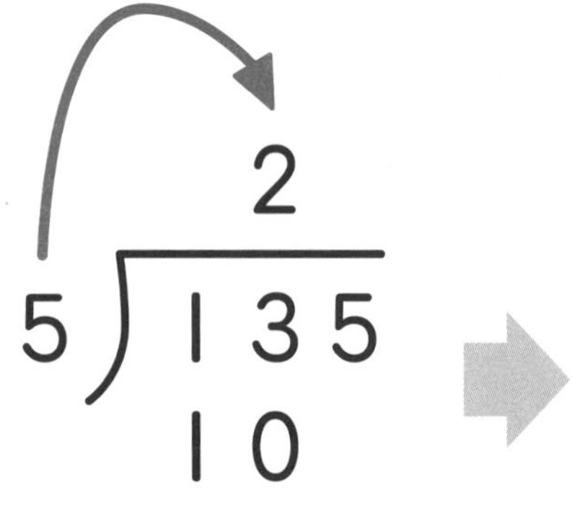


```
    2
5 ) 135
    10
    ---
     35
```

```
    27
5 ) 135
    10
    ---
     35
     35
    ---
      0
```

135 ÷ 5 = 27

答え： 27個

問題 2 129g の薬を、8g ずつ小さなふくろに入れていきます。ふくろはいくつできて、薬は何 g あまりますか。

考え方のポイント

全部の薬を、8g ずつに分けていくので、わり算ですね。

式は $129 \div 8$ です。

筆算で計算しましょう。

$$
\begin{array}{r|l} & 1 \\ \hline 8 & 129 \\ & 8 \end{array}
\;\Rightarrow\;
\begin{array}{r|l} & 1 \\ \hline 8 & 129 \\ & 8 \\ \hline & 49 \end{array}
\;\Rightarrow\;
\begin{array}{r|l} & 16 \cdots 1 \\ \hline 8 & 129 \\ & 8 \\ \hline & 49 \\ & 48 \\ \hline & 1 \end{array}
$$

わり切れないときは商の横にあまりも書いておこう。

$129 \div 8 = 16$ あまり 1

答え： ふくろは 16 個(こ)できて、薬は 1 g あまる

小4② わり算の筆算の文章題②

答えは、別冊③ページ

練習問題 1 287cm のリボンを、同じ長さの 7 本に切り分けます。
1 本のリボンは何 cm になるでしょうか。

式は 287 ÷ 7 です。

筆算で計算しましょう。

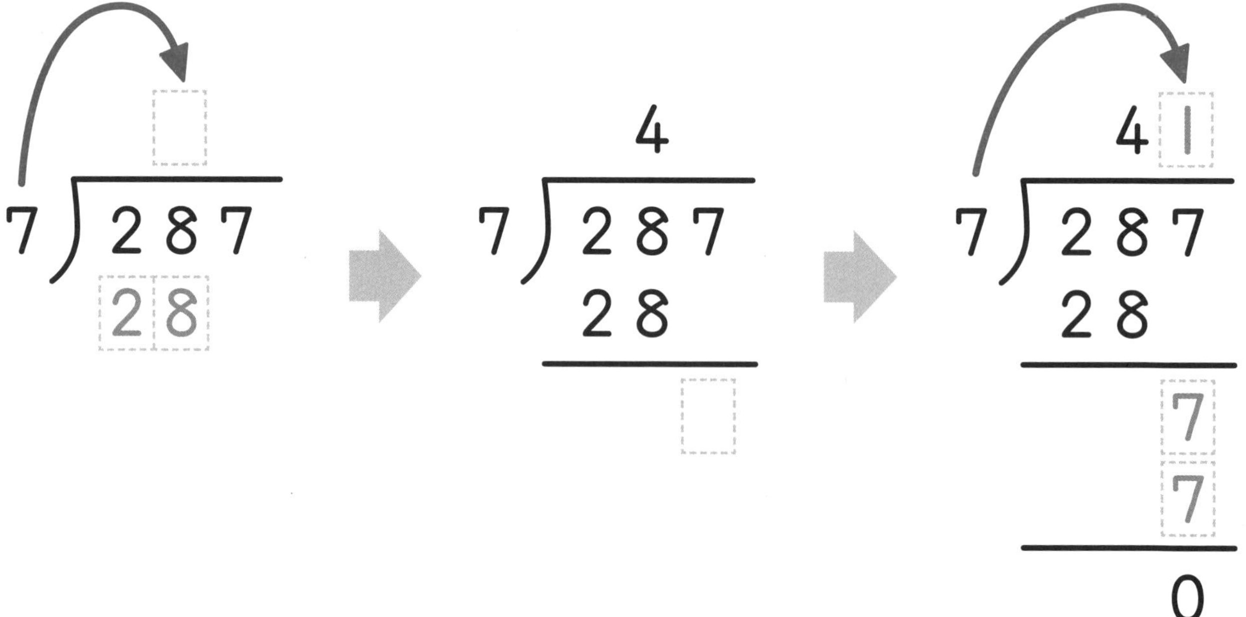

287 ÷ 7 =

答え：　　cm

練習問題 2 全長 148m のジェットコースターのコースを作ります。1 本 6m のレールをどんどんつなぎ合わせて作りますが、最後(さいご)の 1 本だけちがう長さのものを使います。6m のものを何本使い、最後(さいご)の 1 本は何 m ですか。

148m のレールを 6m ずつに分けていけば、6m のものが何本できて、最後(さいご)の 1 本が何 m かわかりますね。

式は 148 ÷ 6 です。

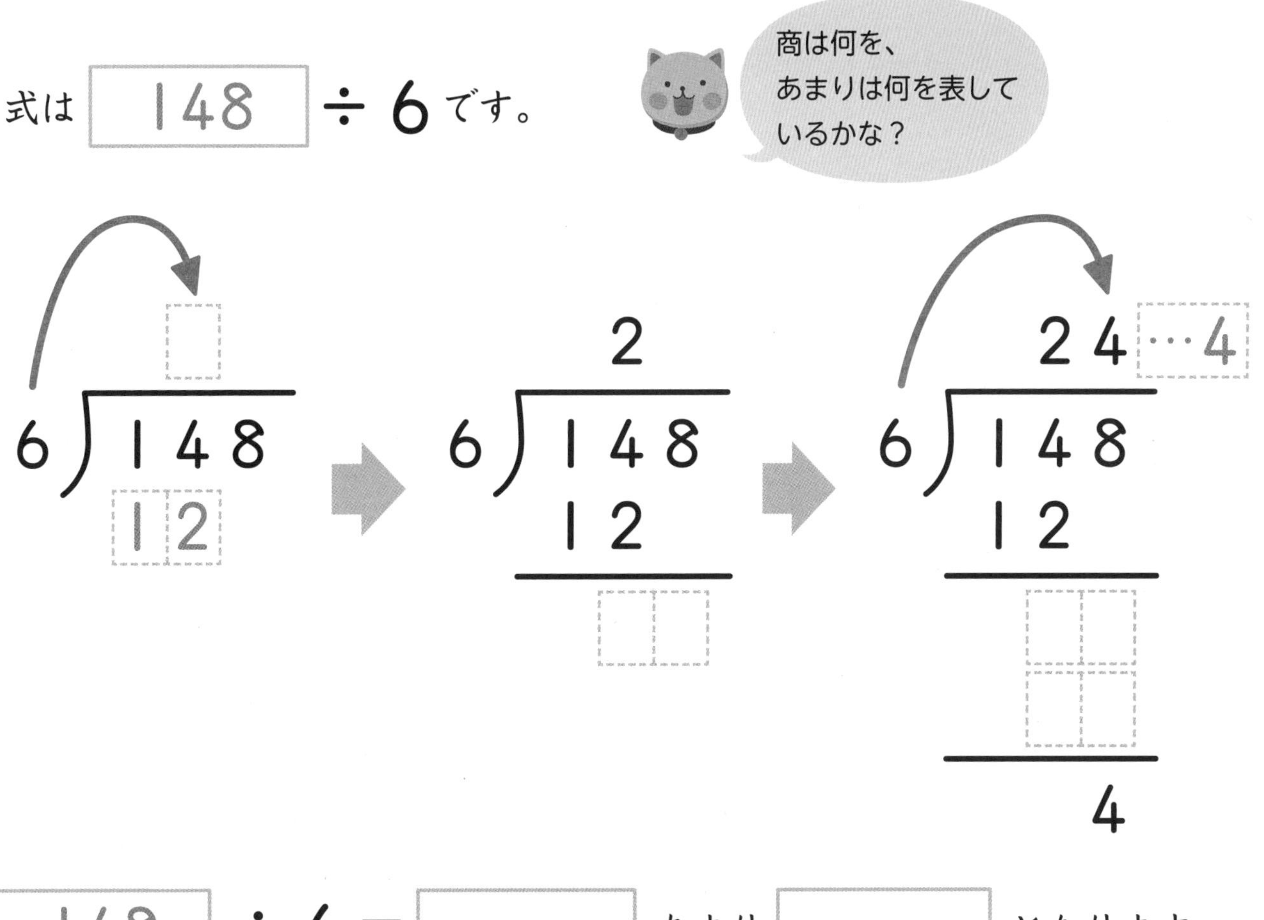

148 ÷ 6 = ＿＿ あまり ＿＿ となります。

6m のレールの本数　最後(さいご)のレールの長さ

答え：6m のレール　　本　最後(さいご)のレールの長さ　　m

小4② わり算の筆算の文章題②

答えは、別冊③、④ページ

1 あるコンサート会場の前に、215人の人が5列に並(なら)んでいます。どの列の人数も同じです。1列に何人ずつ並(なら)んでいますか。

【式】

【筆算】

答え：　　　　人

2 海岸で、貝がらを145個(こ)拾いました。この貝がらを4つの箱に同じ数ずつ分けて入れると、貝がらがいくつかあまりました。1つの箱に入っている貝がらの数は何個(なんこ)ですか。またあまった貝がらは何個(なんこ)ですか。

【式】

【筆算】

答え：　1つの箱に　　　個(こ)
　　　　あまった貝がら　　個(こ)

3 ジュースが 3L 7dL あります。このジュースを 2dL ずつコップに入れていくと、2dL のジュースが入ったコップは何個(なんこ)できますか。

【式】

【筆算】

答え：　　　　　個(こ)

4 今年はケンさんの家の畑でジャガイモが 145 個収(こしゅう)かくできました。そこで、左右のとなりの家とケンさんの家で同じ数ずつ分けることにしました。1 けんあたり何個(なんこ)分けられて、何個(なんこ)あまりますか。

【式】

【筆算】

答え：　1 けんあたり　　　個(こ)
　　　　　あまり　　　個(こ)

5 1年（365日）は、何週間と何日ですか。

【式】

【筆算】

答え：　　　週間と　　　日

6 115ページの本を、1日に6ページずつ読むと、何日目に読み終わりますか。

【式】

【筆算】

答え：　　　日目

7 ある遊園地の観覧車(かんらんしゃ)には、ゴンドラ（人が乗る箱）が234個(こ)ついていて、1から234まで番号がついています。その中でも、6、12、18など6でわり切れる番号のゴンドラにはキラキラ光るライトがついています。ライトがついたゴンドラは何個(なんこ)ありますか。

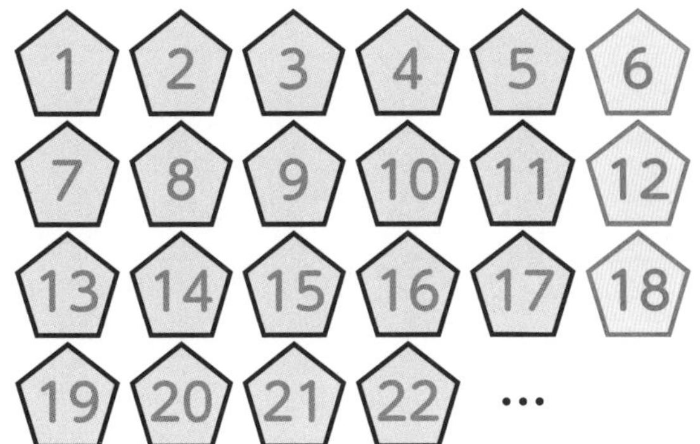

ゴンドラを6列に並(なら)べると、いちばん右の列にライトがついたゴンドラが集まるね。

【式】

答え：　　　　個(こ)

【筆算】

「1からある数までに、●でわれる数は何個(なんこ)ありますか」というとき、ある数÷●で個数(こすう)を求(もと)めることができるよ。

コラム①

計算クロスワードにちょう戦！

計算が苦手なピキくんと、計算が大の得意のにゃんきちくんが話をしています。

ピキくん：あ〜、算数イヤだな〜、計算苦手だな〜。

にゃんきちくん：ピキくん、何をそんなに困っているの？

ピキくん：学校の先生にイヤな宿題出されちゃってさ。ドリルとかなら答えを写すんだけど、答えがない問題だから、自分で考えなくちゃいけないんだ。

にゃんきちくん：へ〜、おもしろそう！　どんな問題？

ピキくん：これなんだけど……。

ア	÷	イ	= 19
×		×	
ウ	÷	エ	= 3
=		=	
342		6	

ピキくん：難しいだろう？　さすがのにゃんきちくんでも無理なんじゃ……。

にゃんきちくん：う〜ん……。

ピキくん：使えるのは２から40までの数なんだって。

にゃんきちくん：２から40？　それなら簡単だよ。

ピキくん：ナヌ！？　ほんと？

にゃんきちくん：まずアとイが決まるよね。わり算の答えが19だけど、19÷1だと1を使ってしまうから、38÷2しかない。

ピキくん：そうか！　40までしか使えないから、アは38でギリギリOK（オーケー）ってことだね。

にゃんきちくん：あとはもう簡単（かんたん）だね。

ピキくん：うん！　342÷38で、ウは……ええと、筆算筆算。……9だ！　だったらエも3ってわかるんだ！

にゃんきちくん：おもしろい計算だね。自分でも作れるかも……。えっと、こうなって、こうして……できた！

ア	+	イ	+	ウ	= 13
+		×		÷	
エ	−	オ	+	カ	= 8
‖		‖		‖	
14		8		2	

にゃんきちくん：使える数は1から9のどれか。2回同じ数を使っちゃダメだよ。ピキくん、解（と）いてみて！

ピキくん：無（む）っ理（り）〜！

　さてみなさん、解（と）けるでしょうか。横に見ると3つの数の計算ですが、縦（たて）に見るとそれぞれ2つの数の計算なので、まずは縦（たて）の式から考えてみましょう。

答えは132ページ

小4③

わり算の暗算の文章題①

つまずきをなくす説明

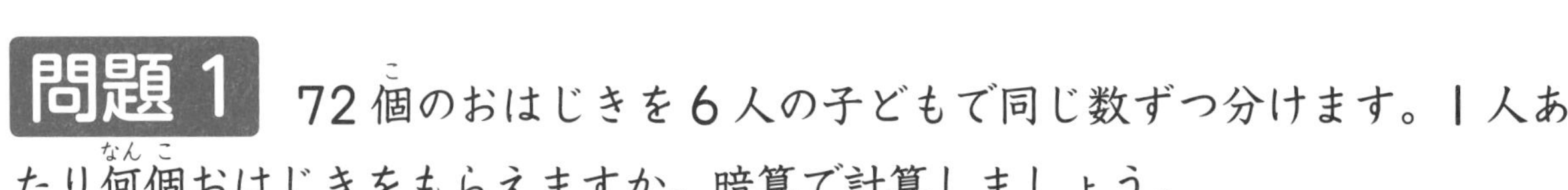

問題1 72個のおはじきを6人の子どもで同じ数ずつ分けます。1人あたり何個おはじきをもらえますか。暗算で計算しましょう。

考え方のポイント

どちらも6でわれる数にするのがポイントだね！

72個のおはじきを6人で分けますから、わり算ですね。

式は **72 ÷ 6** です。

72を、60と12に分けます。

$$72 \div 6 = $$

60　12 → 60も12も6でわれる

$$\left.\begin{array}{l} 60 \div 6 = 10 \\ 12 \div 6 = 2 \end{array}\right\} 10 + 2 = 12$$

答え：12個

問題2 460円のお金を、2人で同じ金額ずつ分けます。1人がもらえるのは何円ですか。暗算で計算しましょう。

考え方のポイント

460円を2でわる計算になりますね。

460円を10円玉46枚と考えましょう。

$$46 \div 2 = $$

40　6 → 40も6も2でわれる

$$\left.\begin{array}{l} 40 \div 2 = 20 \\ 6 \div 2 = 3 \end{array}\right\} 20 + 3 = 23$$

→ 10円玉が23枚

$$10 \times 23 = 230$$

答え：230円

小4③ わり算の暗算の文章題①

答えは、別冊④ページ

練習問題 1 84枚の色紙を、3人で同じ枚数になるように分けます。1人がもらえる色紙の数は何枚ですか。暗算で計算しましょう。

84枚の色紙を3人で分けるので、わり算です。

式は **84 ÷ 3** ですね。

84 ÷ 3=
60 24 → □ も □ も3でわれる

60 ÷ 3 = □
24 ÷ 3 = □
□ + □ = □ (枚)

答え：　　枚

練習問題 2 750枚の金貨を、5人の海ぞくが仲よく同じ枚数になるように分けます。1人がもらえる金貨は何枚ですか。暗算で計算しましょう。

750枚の金貨を、10枚ずつふくろに入れます。すると、ふくろの数は 75 個になります。

75 ÷ 5=
50 25 → □ も □ も5でわれる

75 ÷ 5=

50 ÷ 5 = □
25 ÷ 5 = □
□ + □ = □ (個)

金貨が10枚入ったふくろを □ 個もらえるので、
10 × □ = □ (枚)

答え：　　枚

小4③ わり算の暗算の文章題①

答えは、別冊④ページ

1 36人のクラスの全員を2つのチームに分けて、ドッジボールの試合(しあい)をします。同じ人数ずつになるように分けると、1チームの人数は何人ですか。暗算で計算しましょう。

36人を、何人と何人に分ければいいかな。

答え：　　　　人

2 小麦粉(こむぎこ)を640gもらったので、4つの容器(ようき)に同じ重さずつ入れてしまっておくことにしました。1つの容器(ようき)に入れる小麦粉(こむぎこ)の重さは何gですか。暗算で計算しましょう。

小麦粉(こむぎこ)を10gずつふくろに入れよう。ふくろは何個(なんこ)できるかな。

答え：　　　　g

3 お母さんに母の日のプレゼントをすることになりました。1個300円のコップと、630円の花束をプレゼントすることになったのですが6人兄弟で同じ金額を出すことにすると、1人いくら出せばいいでしょうか。暗算で計算しましょう。

300円、630円のそれぞれを
6人で分けるとどうなるのかな？

答え：　　　　　円

4 ある田んぼで、今年は780kgのお米がとれました。これは去年の3倍です。去年は何kgのお米がとれたのでしょうか。暗算で計算しましょう。

今年は去年の3倍だから、まず□を使って
□×3＝780というかけ算の式を作ってみよう。

答え：　　　　　kg

小4 ④

わり算の暗算の文章題②

つまずきをなくす説明

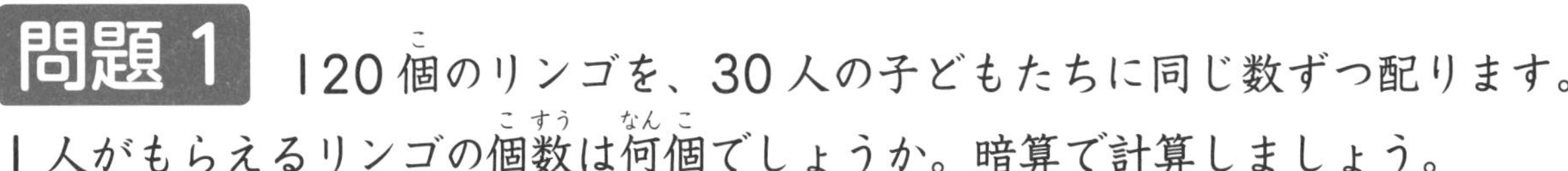

問題1 120個のリンゴを、30人の子どもたちに同じ数ずつ配ります。1人がもらえるリンゴの個数は何個でしょうか。暗算で計算しましょう。

考え方のポイント

120個のリンゴを、1グループ12個ずつ、10のグループに分けます。

次に子どもたちも、1グループ3人ずつ、10のグループに分けます。

3人 3人 3人 3人 3人
3人 3人 3人 3人 3人

10のグループの子どもそれぞれが、10のグループそれぞれのリンゴを分けてもらったら、みんな同じだけもらうことになりますね。

12個 → 3人　12個 → 3人
12個 → 3人　12個 → 3人
12個 → 3人　12個 → 3人
12個 → 3人　12個 → 3人
12個 → 3人　12個 → 3人

つまり、$120 \div 30$ の計算は、

$12\cancel{0} \div 3\cancel{0}$

$12 \div 3$ の計算と同じになります。

$12 \div 3 = 4$

わられる数からもわる数からも同じだけ0（ゼロ）を取って計算するんだね。

答え：4個

問題 2 3500個あるあめ玉を、製品にするために800枚の小さなふくろに同じ数ずつ入れ、ふうをしていきます。小さなふくろ 1 つには、あめ玉が何個入りますか。またあめ玉は何個あまりますか。暗算で計算しましょう。

とき方のポイント

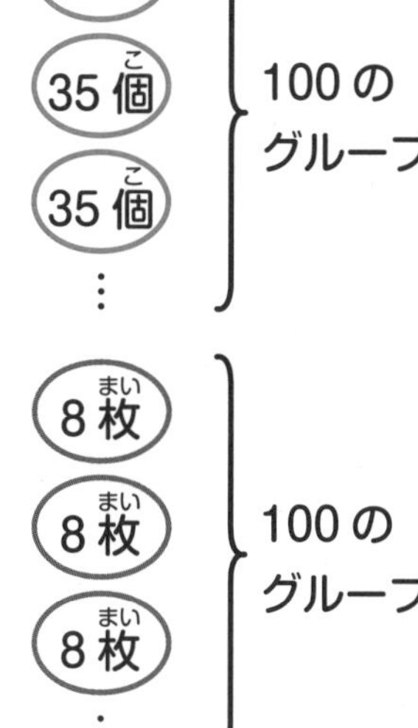

3500 ÷ 800 の計算ですね。

3500個のあめ玉を、35個ずつ 100 のグループに分けます。
次に、800枚のふくろを、8枚ずつ 100 のグループに分けます。

35個 ➡ 8枚
35個 ➡ 8枚
35個 ➡ 8枚
100のグループ

そしてそれぞれのグループの 35個のあめ玉をふくろに入れていきます。

そうすれば、どのふくろにも同じだけあめ玉が入るはずです。
つまり、大きな数のわり算は　**3500 ÷ 800**
同じ数ずつ 0（ゼロ）を消して計算する！
すると答えは……　**3500 ÷ 800 =4 あまり 3?**
あまるあめ玉はたった 3 個？
ちがいますね。100 のそれぞれのグループで 3 個あまるのです。あまりは全部で
3 × 100 =300（個）。
3500 ÷ 800 ＝ 4 あまり 300

答え：1 つのふくろにあめ玉が **4** 個入って、**300** 個あまる

小4④ わり算の暗算の文章題②

答えは、別冊④ページ

練習問題 1 180枚のコインを、30人の子どもたちで同じ数ずつ分けます。1人がもらえるコインは何枚でしょうか。暗算で計算しましょう。

180枚のコインを30人で分けるので、わり算ですね。

式は **180 ÷ 30** です。

180枚のコインを、1グループ［ 18 ］枚ずつ、10のグループに分けます。

18枚　18枚　18枚　18枚　18枚
18枚　18枚　18枚　18枚　18枚

次に子どもたちも、1グループ［　　］人ずつ、10のグループに分けます。

3人　3人　3人　3人　3人
3人　3人　3人　3人　3人

10のグループの子どもそれぞれが、10のグループそれぞれのコインを分けてもらったら、みんな同じだけもらうことになりますね。

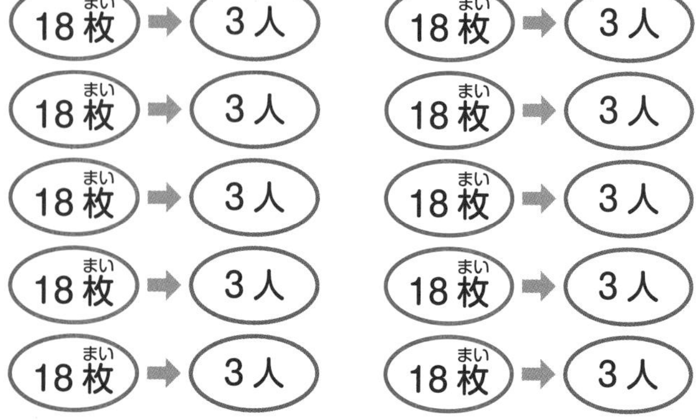

［ 18 ］÷［ 3 ］と同じで、答えは［　　］になります。

答え：　　　枚

練習問題 2　あるおもちゃ工場で、できたおもちゃ4800個を、500個ずつ段ボール箱につめていきます。段ボール箱は何個できて、おもちゃは何個あまるでしょうか。暗算で計算しましょう。

4800個のおもちゃを500個ずつ段ボール箱につめていくので、わり算ですね。

式は **4800 ÷ 500** です。

計算するときは、4800と500からそれぞれ0（ゼロ）を［2］個ずつ消して計算します。

480̸0̸ ÷ 50̸0̸

［48］÷［5］の計算と同じなので、商は［　］です。

［48］÷［5］の計算のあまりは1けたで［　］ですが、計算のときにわられる数とわる数からそれぞれ0（ゼロ）を2つずつ消しているので、あまりに
0（ゼロ）を［2］つつけます。

4800 ÷ 500 = ［　］ あまり ［300］ です。

答え：段ボール箱は　　個できて、おもちゃは　　個あまる

小4④ わり算の暗算の文章題②

答えは、別冊⑤ページ

1 50人の子どもたちに、400個(こ)のボールを同じ数ずつ配りました。1人がもらったボールは何個(なんこ)でしょうか。暗算で計算しましょう。

【式】

答え：　　　　　個(こ)

2 学校の花だんに花の種(たね)を全部で420個(こ)まこうと思います。1けんの花屋さんから種(たね)を70個(こ)買うとすると、何けんの花屋さんから種(たね)を買うといいですか。暗算で計算しましょう。

【式】

答え：　　　　　けん

3 ケンさんのクラス40人全員で、リサイクルするペットボトルを同じ本数ずつ持ってきたら、全部で280本集まりました。1人何本ずつ持ってきましたか。暗算で計算しましょう。

【式】

答え：　　　　　本

4 船着き場に2400人の人がいます。大型船(おおがたせん)では1回で400人の人を向こう岸にわたすことができます。全員を向こう岸にわたすには、大型船(おおがたせん)は何往復(なんおうふく)すればいいですか。暗算で計算しましょう。

【式】

答え：　　　　往復(おうふく)

5 6500g あるみかんジュースを、700g ずつびんにつめていきます。びんは何本できて、みかんジュースは何 g あまりますか。暗算で計算しましょう。

【式】

答え：びんは　　　本できて、みかんジュースは　　　g あまる

6 5L の水を、子どもたちの 900mL の水とうにどんどん入れていきます。水とうは何本がいっぱいになり、そのとき水は何 mL あまっていますか。暗算で計算しましょう。

1L = 1000mL だね。
5L は何 mL かな？

【式】

答え：水とう　　本がいっぱいになり、水は　　mL あまる

7 2 時間を、40 分ずつに区切ってたっ球の試合(しあい)をします。何回試合(しあい)ができますか。暗算で計算しましょう。

2 時間が何分かわかれば
区切りやすそうだね。

【式】

答え：　　回

8 200ページの本を、毎日30ページずつ読んでいきました。読み終えるのは何日目で、最後(さいご)の日には何ページ読みましたか。暗算で計算しましょう。

200は30でわり切れるかな？
あまりはいったい何だろう？

【式】

答え：	読み終えるのは	日目
	最後(さいご)の日に読んだページ	ページ

30ページ読んだのが何日か
わかれば、最後(さいご)の日は
30ページ読んだ日数＋1で
求(もと)めることができるね。

小4⑤

わり算の筆算の文章題③

つまずきをなくす説明

問題 1 65個のカップケーキを12個ずつ箱に入れていきます。箱はいくつできて、カップケーキは何個あまりますか。

とき方のポイント

65個のカップケーキを12個ずつ箱に入れていきます。わり算ですね。

式は 65 ÷ 12 です。

筆算で計算しましょう。

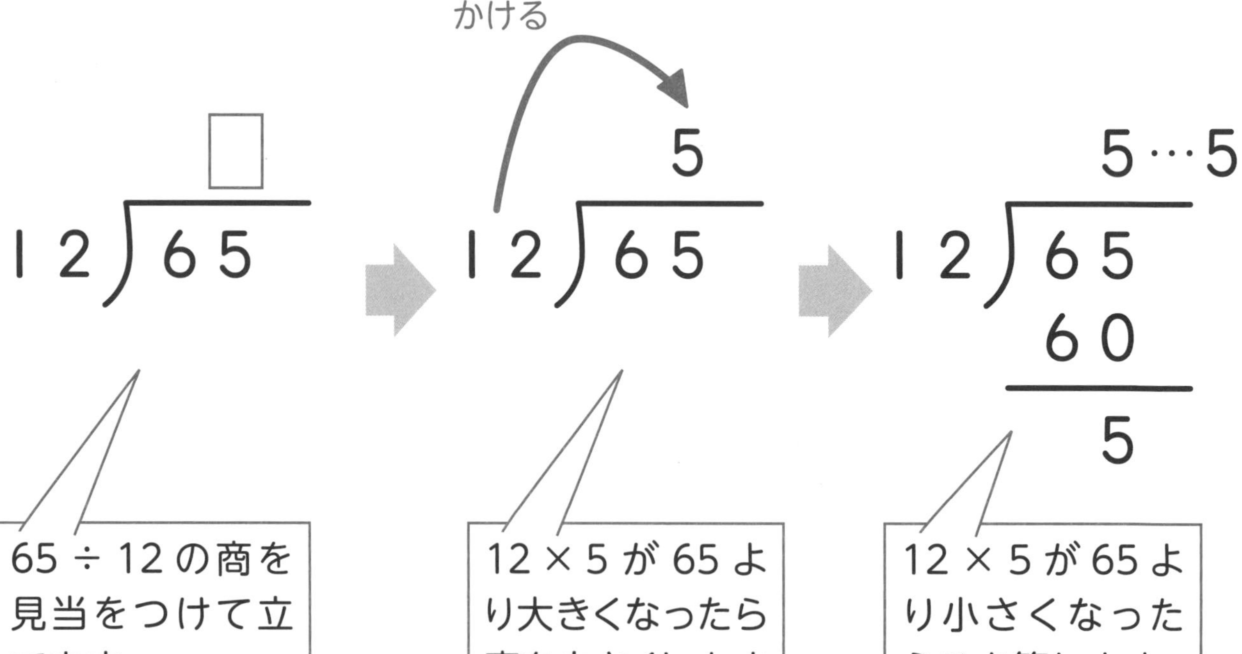

65 ÷ 12 = 5 あまり 5

答え： 箱は 5 つできて、カップケーキは 5 個あまる

問題 2 851 人の子どもたちを、27 人ずつのグループに分けていきます。27 人のグループがいくつできて、何人あまりますか。

とき方のポイント

851 人の子どもたちを 27 人ずつに分けていくので、わり算ですね。

式は **851 ÷ 27** です。

立てる商が大きすぎるとひき算ができなくなるよ。

筆算で計算しましょう。

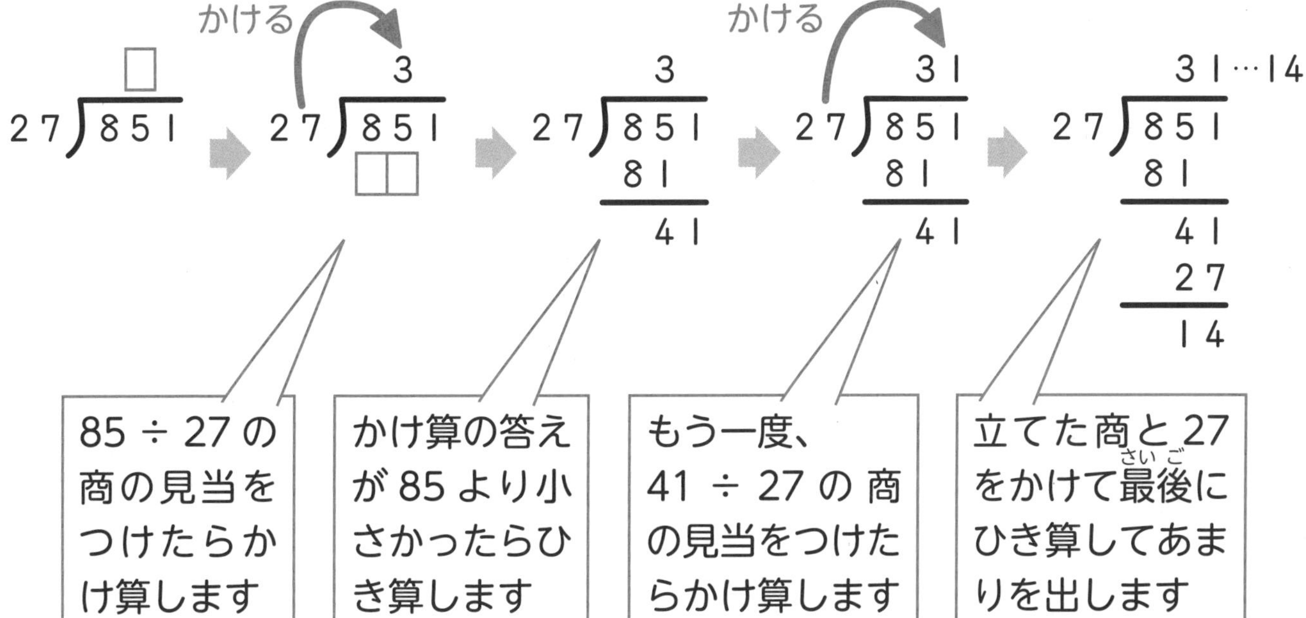

851 ÷ 27 = 31 あまり 14

答え：31 グループできて、14 人あまる

注意！

立てた商が小さすぎると……

かける 27)851 → 2 → 27)851 54 31 ✕

27 より大きい！→ 31

大きすぎると……

かける 27)851 → 4 → 27)851 108 ✕

85 より大きくてひけない！

小4⑤ わり算の筆算の文章題③

答えは、別冊⑤ページ

練習問題 1 90個のボールを1つのかごに13個ずつ入れていきます。13個ボールが入ったかごが何個できて、ボールは何個あまりますか。

90個のボールを13個ずつかごに入れていくので、わり算ですね。

式は **90 ÷ 13** です。

筆算で計算しましょう。

立てた商が大きすぎたら1小さく、小さすぎたら1大きくしてみよう。

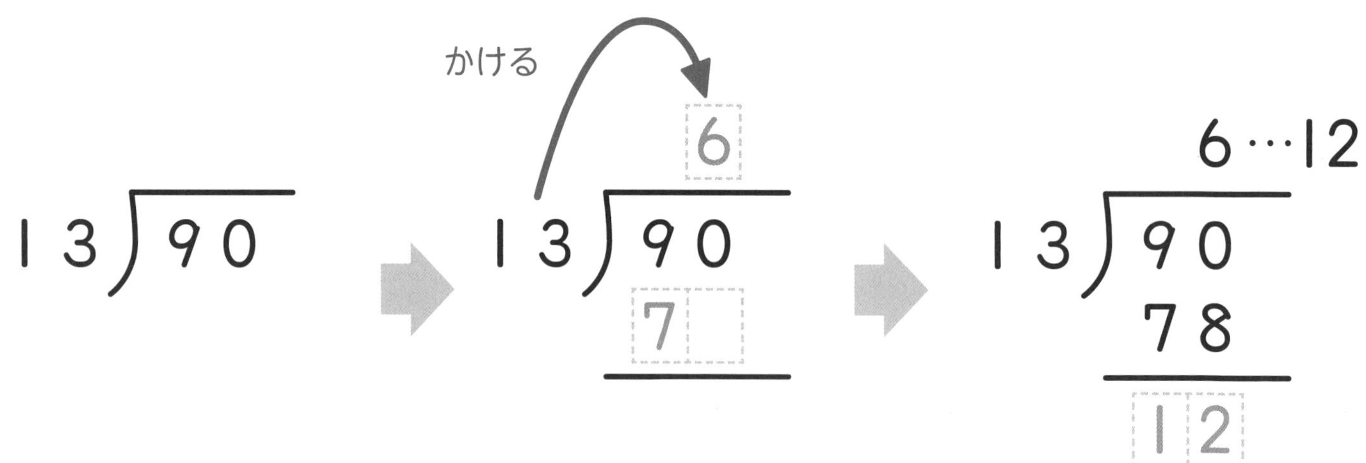

90 ÷ 13 = [6] あまり [ ]

答え： 13個ボールが入ったかごが　　個できて、ボールは　　個あまる

練習問題 2　750 枚のカードを 53 枚一組に分けていきます。何組できて何枚あまりますか。

750 枚のカードを、53 枚一組に分けていくので、わり算ですね。

式は **750 ÷ 53** です。

筆算で計算しましょう。

「53 はだいたい 50 くらいだから…」
というように商の見当をつけよう。

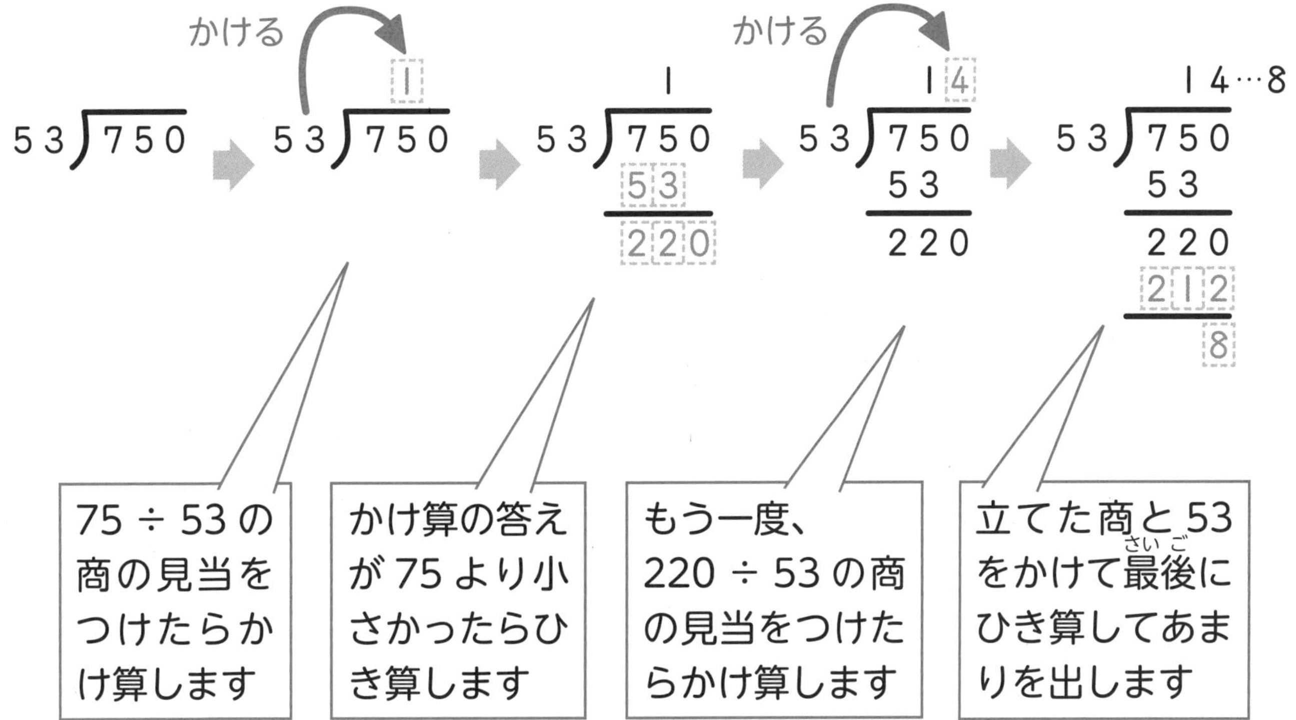

750 ÷ 53 = 14 あまり 8

答え：　　　組できて　　　枚あまる

小4⑤ わり算の筆算の文章題③

答えは、別冊⑥ページ

1 85cm のリボンを 15cm に切っていくと、15cm のリボンは何本取れますか。またリボンは何 cm あまりますか。

【式】

【筆算】

答え：　　本取れて
　　cm あまる

2 1m35cm の丸太を、12cm の長さに切り分けていきます。12cm の丸太は何本できて、最後（さいご）に何 cm あまりますか。

【式】

【筆算】

答え：　　本できて
　　cm あまる

3 679円のお金を、1人19円ずつに分けていきます。何人に分けられて、何円あまりますか。

【式】

【筆算】

答え：　　　　人に分けられて
　　　　　　　円あまる

4 900mLの牛乳（ぎゅうにゅう）を、1人75mLずつに分けます。何人に分けられますか。

【式】

【筆算】

答え：　　　　人

5 576をある数でわると、商が48になってわり切れました。ある数はいくつでしょうか。

【式】

【筆算】

答え：

6 メグミさんの学校の4年生は全部で1□6人で（□には十の位(くらい)の数字が入ります）、13人ずつの列を作っていくと、最後(さいご)の1列は13人より少なくなりました。そして、13人の列の数は10より少なかったといいます。□に入る数はどんな数ですか。あてはまる数を全部答えましょう。

【式】

【筆算】

答え：

7 ある数を 29 でわったら商が 48 であまりが 10 になりました。この数を 58 でわったら、答えはどうなりますか。

【式】

【筆算】

答え：

ある数÷ 29 = 48 あまり 10 から、まず「ある数」を求(もと)めて、それを 58 でわるといいね。

コラム②

富士山の高さって、どのくらい？

今みなさんは、長さを測ったり表したりするときに、「メートル法」というものを使っています。10mm が 1cm で、100cm が 1m で、1000m が 1km で……というあれですね。このメートル法は 18 世紀のフランスで作られたものですが、今では世界の多くの国で使われています。

さて江戸時代、日本はまだメートル法ではなく「尺貫法」という長さの単位を使っていました。

- 一寸＝約 3cm
- 一尺＝十寸＝約 30cm
- 一間＝六尺＝約 180cm
- 一丈＝十尺＝約 3m
- 一町＝六十間＝約 110m
- 一里＝三十六町＝約 4km

といった長さの単位です。

江戸の町に住むこそどろ、「ねここぞうにゃんきち」と「岡っ引きのピキえもん」が話をしています。「岡っ引き」とは、江戸時代に悪いことをした人をつかまえる、「警察のお手伝い」のような仕事をしていた人です。

ピキえもん：おう、にゃんきちじゃねえか。久しぶりだな。お前、こんなとこで何してんだい。また悪さでもしようってんじゃねぇだろうな？

にゃんきち：いえ、ピキえもん様、とんでもないことでございます。あたしゃあ今、あっちに見える富士の山の高さを測ってるんです。

ピキえもん：そんなもんがわかるのか？

にゃんきち：はい、だいたいですが、わかります。まず、ここから見ると、ちょうどあそこに見える長屋ののき先と富士の山のてっぺんが同じくらいの高さに見えますよね？　長屋までのきょりはおよそ半町、そして長屋ののき先の高さはだいたい 1 間くらいです。だったら、ここから富士の山までのきょりがわかれば、何倍くらいかわかるはずでございます。

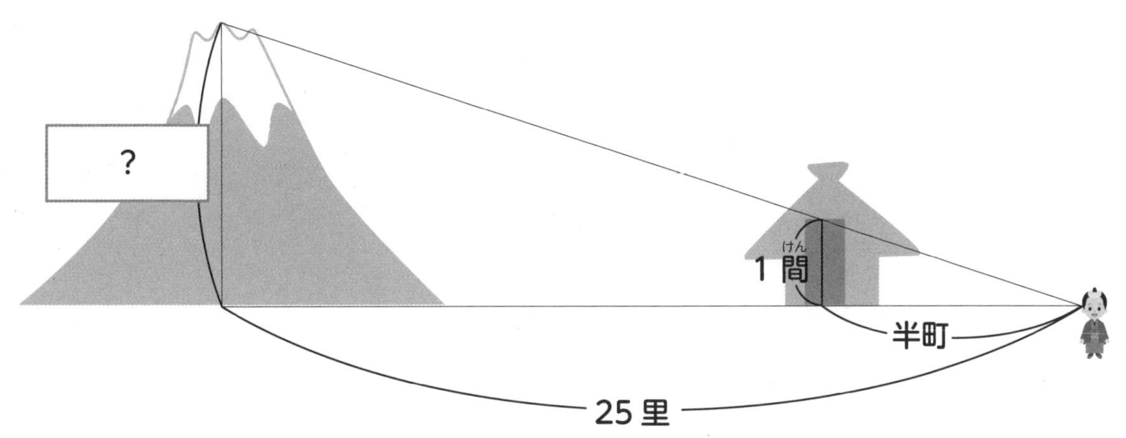

ピキえもん：ここから富士の山までのきょりってぇと、いったいどのくらいなんだい？

にゃんきち：聞いたところによると、およそ25里ってとこだそうです。

ピキえもん：25里か……。1里は36町だから、25里は900町ってことになるな。さっすがは富士の山だ！　あんなにでっかく見えるのに900町もはなれてんだから、おそれ入ったもんだ！

にゃんきち：900町は半町の□倍ってことになりますから、富士の山の高さは長屋ののき先の高さ、1間の□倍ってことですね。

ピキえもん：□間か……。そいつはすげえや。60間が1町だから、富士の山の高さは□間を60でわって、30町ってことになるな。

にゃんきち：西洋の国で使っている「メートル法」でいうと1町は110mくらいですから、富士の山の高さは何mくらいになるんですかねぇ……。じゃ、あっしはこれで！

ピキえもん：おう！……。ん？　あれ？　ふところにしのばせていたはずの小銭がない！　さてはにゃんきちのやろう！　やいにゃんきち！　待たねぇか！

にゃんきち：ピキえもん様、ごきげんよう！！

さてみなさん、文中の□には同じ数字が入るはずですね。どんな数字が入るでしょうか？

そして、ピキえもんとにゃんきちが計算した富士山の高さはおよそ何mでしょうか？

答えは132ページ

小4⑥

考える力をのばそう　ちがいに目をつけて

つまずきをなくす説明

問題　ピキくんとにゃんきちくんは、30個のおはじきを分けました。すると、にゃんきちくんの持っているおはじきが、ピキくんの持っているおはじきより4個多くなったそうです。それぞれ何個のおはじきを持っていますか。

考え方のポイント

2人が持っているおはじきを比べるために、図をかいて考えてみましょう。

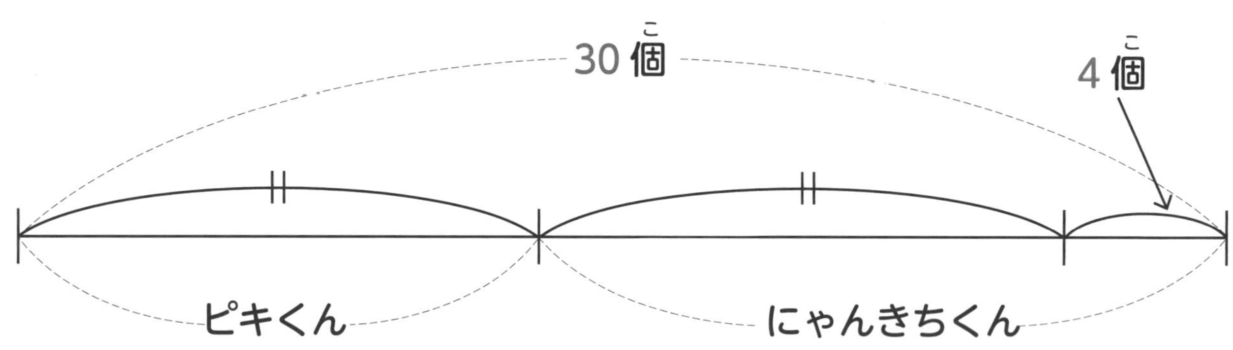

2人の持っているおはじきを比べやすいように、縦に並べてみます。

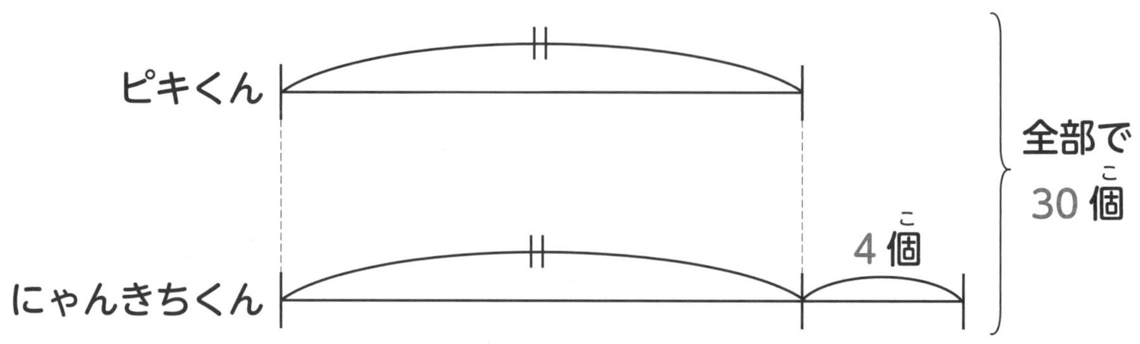

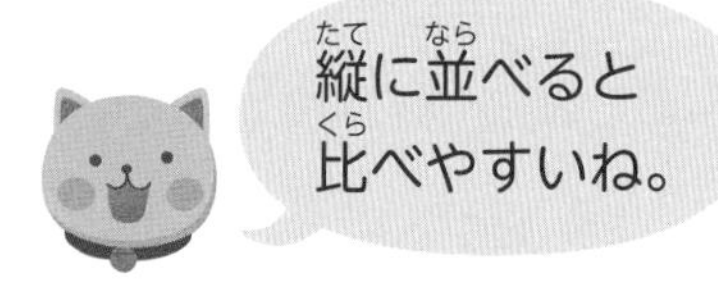

図を使って、おはじきの個数を求めます。

30 − 4 = 26

26 ÷ 2 = 13　ピキくん 13個

13 + 4 = 17　にゃんきちくん 17個

別の方法でも求められます

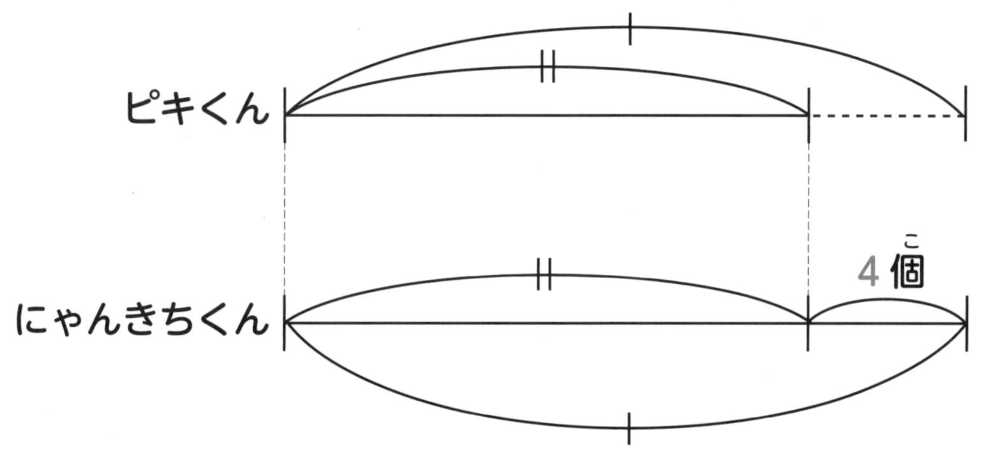

30 + 4 = 34

34 ÷ 2 = 17　にゃんきちくん 17個

17 − 4 = 13　ピキくん 13個

答え：ピキくん 13個、にゃんきちくん 17個

小4⑥ 考える力をのばそう　ちがいに目をつけて

答えは、別冊⑥ページ

練習問題　トランプの枚数を数えたら、全部で52枚ありました。メグミさんとニャンタローくんがトランプを分けましたが、メグミさんのほうが6枚多くなりました。それぞれ何枚ずつ持っていますか。

メグミさん　□枚

ニャンタローくん

全部で□枚

52 − □ = □

□ ÷ 2 = □　　□　□枚

□ ＋ □ = □　　□　□枚

つけたして考えると…

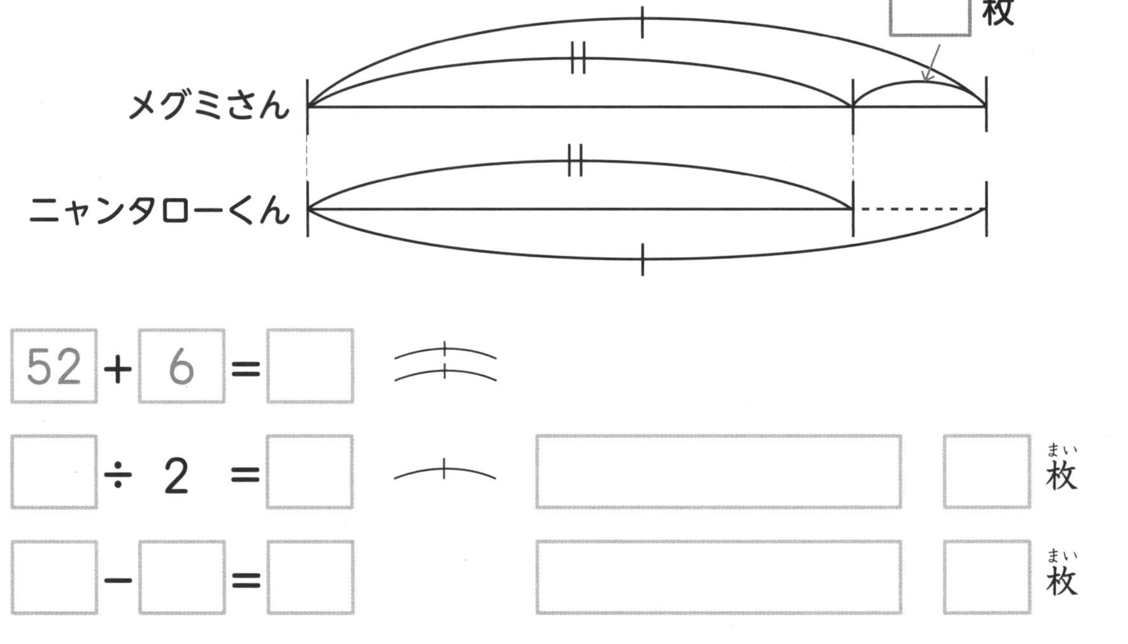

小4⑥ 考える力をのばそう　ちがいに目をつけて

答えは、別冊⑥～⑧ページ

★☆☆

1 1mのリボンを2つに切り分けると、長いほうが短いほうより20cm長くなりました。長いほうのリボンの長さは何cmですか。

【図】

短いほうのリボン

長いほうのリボン

□cm　□cm

【式】

答え：　　　　cm

★☆☆

2 1000円をピキくんとにゃんきちくんの2人で分けると、にゃんきちくんのほうが300円多くなりました。ピキくんはいくらもらったのでしょうか。

【図】

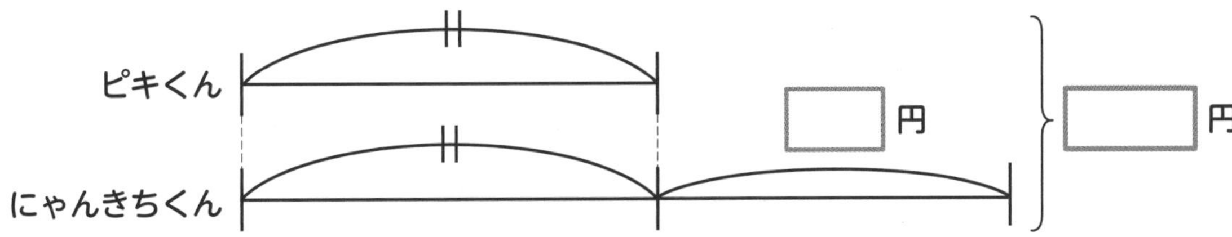

【式】

答え：　　　　円

3 算数の教科書を開いて、左のページと右のページのページ数をたすと 31 でした。何ページと何ページだったのでしょう。

左のページと
右のページの
ちがいはいくつかな？

【図】

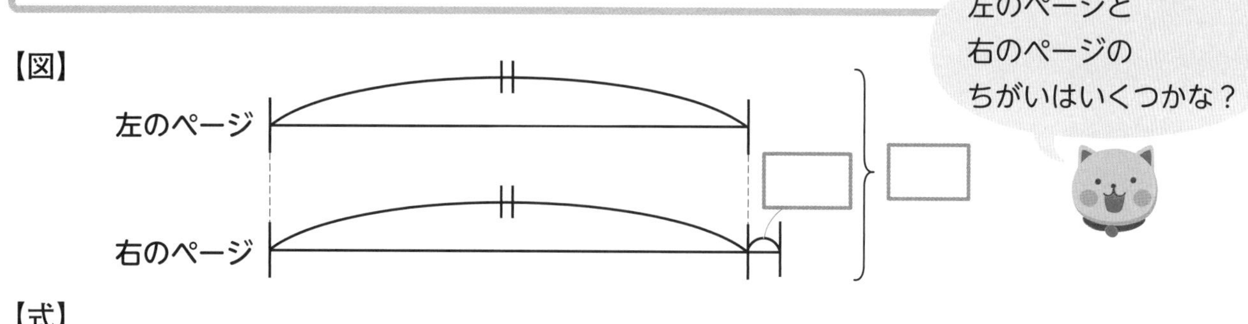

【式】

4 ケンタさんと 2 つちがいのお兄さんとの年令（ねんれい）の合計は 20 才です。ケンタさんは何才ですか。

2 つちがいだけど、
年上はどっちかな？

【図】

才

才

【式】

答え：　　才

5 長さが50cmの丸太を切ったら、長いほうが短いほうより10cm長くなっていました。長いほうは何cmですか。

【図】

【式】

答え：　　　　cm

6 お姉さんとマリコさんは3才年がはなれていて、2人の年令は合わせて19才です。お姉さんは何才ですか。

【図】

【式】

答え：　　　　才

7 3の段の九九の答えと、それより1つ大きい3の段の九九の答えの合計が、45でした。大きいほうの九九の答えは何ですか。

【図】

【式】

答え：

8 お父さんはお母さんより5才年上で、お父さんとお母さんの年令の合計は71才です。お母さんは何才ですか。

【図】

【式】

答え：　　　　　才

9 アヤカさんはたか子さんより２才年上で、メグミさんより３才年下です。３人の年令(ねんれい)の合計は３１才です。アヤカさんは何才ですか。

３人の年令(ねんれい)を
図にすると
どうなるかな？

【図】

【式】

答え：　　　　才

アヤカさんはたか子さんより年上で、そのアヤカさんよりメグミさんが年上だから、上からメグミさん、アヤカさん、たか子さんの順番(じゅんばん)だね。

小4 ⑦

がい数の文章題

つまずきをなくす説明

問題 1 ケンさんの住んでいる町の人口は、65178 人です。この町の人口を、四捨五入で上から 2 けたのがい数で表すと、何人になりますか。

考え方のポイント

上から 2 けたのがい数にしたいときは、上から 3 けた目の数字を四捨五入します。

四捨五入する数字が

0, 1, 2, 3, 4 のとき…切り捨てます ➡ 65000 人

5, 6, 7, 8, 9 のとき…切り上げます ➡ 66000 人

65178 人…切り捨て ➡ 65000 人

答え： 65000 人

問題 2 池の水を全部ぬいて量をはかり、水の量を四捨五入で上から 2 けたのがい数にすると、およそ 3700L でした。池の水は、何 L 以上何 L 未満でしょうか。

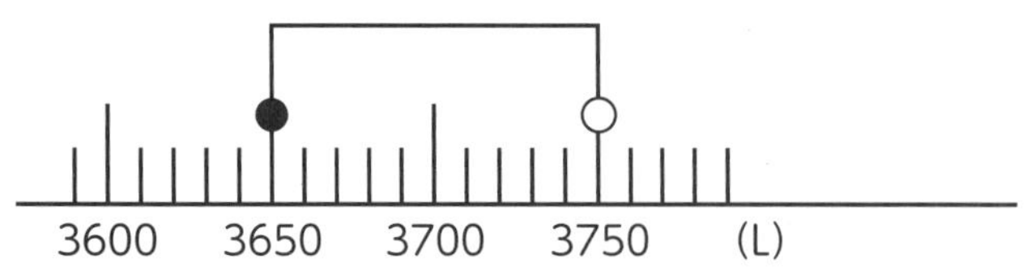

3650 はふくむ、3750 はふくまない、という意味だね。

上の図のように、池の水がいちばん少ない場合は 3650L で、このとき切り上げで 3700L となります。切り上げて 3800L になってしまう 3750L より小さければ切り捨てになるので、3750L 未満と答えればいいですね。

答え： 3650L 以上 3750L 未満

小4⑦ がい数の文章題

答えは、別冊⑧ページ

練習問題 1 ピキくんの貯金(ちょきん)は、38740円です。ピキくんの貯金額(ちょきんがく)を四捨五入(ししゃごにゅう)で上から2けたのがい数にすると、いくらになりますか。

上から2けたのがい数ですから、四捨五入(ししゃごにゅう)するのは上から［3］けた目の数字です。

四捨五入(ししゃごにゅう)する数字が

0，1，2，3，4のとき…切り［　　］ます ➡ ［38000］円

5，6，7，8，9のとき…切り［　　］ます ➡ ［39000］円

答え：　　　円

練習問題 2 千の位(くらい)を四捨五入(ししゃごにゅう)して40000になる整数のうち、いちばん小さい整数といちばん大きい整数を答えましょう。

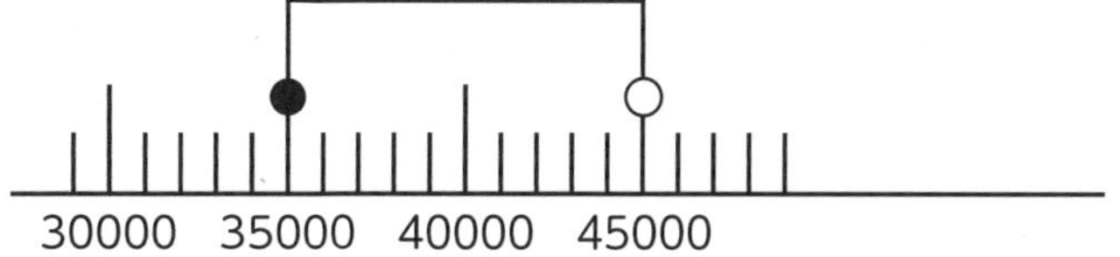

●と○の意味は何だったかな？

上の図のように、千の位(くらい)を四捨五入(ししゃごにゅう)して40000になる最(もっと)も小さい整数は［35000］です。そして［45000］になると、千の位(くらい)を四捨五入(ししゃごにゅう)すると50000になってしまいます。45000よりも1小さい［44999］が最(もっと)も大きい整数です。

答え：いちばん小さい整数
いちばん大きい整数

小4⑦ がい数の文章題

ためして みよう

答えは、別冊⑧、⑨ページ

1 メグミさんの体重を正しく量(はか)ると 28325g でした。メグミさんの体重を四捨五入(ししゃごにゅう)で千の位(くらい)までのがい数にすると、何 g でしょうか。

【解(と)き方】

答え：　　　　g

2 東京から大阪(おおさか)までのきょりを、四捨五入(ししゃごにゅう)で百の位(くらい)までの数字で求(もと)めると、およそ 500km です。東京から大阪(おおさか)までのきょりは、何 km 以上(いじょう)何 km 未満(みまん)ですか。

【解(と)き方】

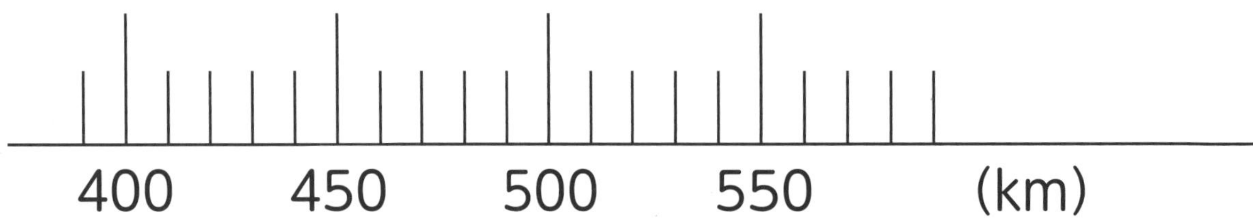

答え：　　　　km 以上(いじょう)　　　　km 未満(みまん)

3 ある雑誌(ざっし)のページ数は、一の位(くらい)を四捨五入(ししゃごにゅう)したがい数にすると、およそ200ページです。この雑誌(ざっし)のページ数は、何ページ以上(いじょう)何ページ以下(いか)ですか。

【解(と)き方】

答え：　　　ページ以上　　　ページ以下

4 Aの整数は、十の位(くらい)を四捨五入(ししゃごにゅう)してがい数にすると、400です。またBの整数は、十の位(くらい)を四捨五入(ししゃごにゅう)してがい数にすると、500です。Aの整数とBの整数の合計がいちばん大きいとき、いくつになりますか。

【解(と)き方】

答え：

小4⑧

がい数を使った計算の文章題

つまずきをなくす説明

問題 1 156円のメロンパンと、178円の食パンと、132円のジュースを買いました。代金は、だいたいいくらになるでしょうか。

考え方のポイント

「だいたいいくらか」ということですから、がい数で考えます。

十の位を四捨五入して考えます。

「だいたいいくらか」だと四捨五入するといいね。

156 → 200、178 → 200、132 → 100

200 ＋ 200 ＋ 100 ＝ 500

答え：だいたい500円

問題 2 135円のチョコレートと、278円のスナックがし、162円のコーヒーを買いました。600円でたりるでしょうか。

切り上げた金額で計算すればたりるかどうかわかるよ。

考え方のポイント

たりるかどうか聞かれているので、一の位の数字を切り上げて、

135 → 140、278 → 280、162 → 170

$$140 + 280 + 170 = 590$$

切り上げた金額の合計でも600円より少ないので、たります。

答え：たりる

問題３ ケンさんのクラスでは、38人全員でバスに乗って遠足に行くことになりました。１人分のバス代は320円です。全員のバス代金はおよそいくらになりますか。

考え方のポイント

およその金額（きんがく）を計算するので、人数、バス代ともおよその数にして計算しましょう。
320を十の位（くらい）で、38を一の位（くらい）で四捨五入（ししゃごにゅう）して計算します。

320円 × 38人
⬇ ⬇
300 × 40 ＝ 12000

答え：およそ12000円

たしかめ

およその数にしないで計算し、だいたい合っていたかを確（たし）かめます。

$$320 \times 38 = 12160$$

およその数の計算でもだいたい合っていることがわかりますね。

およその数の計算は
正しかったかな？

小4⑧ がい数を使った計算の文章題

答えは、別冊⑨ページ

練習問題 1 144円のダイコンと、98円のニンジンと、52円のジャガイモを買うと、およそいくらになりますか。十の位（くらい）までのがい数にして計算してみましょう。

それぞれを十の位（くらい）までのがい数にします。

144 → 140 ＋ 98 → 100 ＋ 52 → 50 ＝ [　　　]

答え：およそ　　　円

練習問題 2 700円以上（いじょう）買うと、スピードくじがひけるコンビニで買い物をします。235円のジュースと、124円のドーナツ、398円のおかしを買うと、700円をこえているでしょうか。

700円をこえるかどうか確（たし）かめるので、235円、124円、398円それぞれの一の位（くらい）の数字を切り[　　　]て計算します。

235 → 230 ＋ 124 → 120 ＋ 398 → 390 ＝ [　　　]

だいたいどれくらいになるかを考えるときは、どうするんだったかな？

切り捨（す）てた数字で700をこえています。

答え：　こえて

練習問題 3 お楽しみ会の記念品(きねんひん)として、クラス32人全員に、198円のシャープペンシルをわたすことにしました。全部でおよそいくらいるでしょうか。一の位(くらい)を四捨五入(ししゃごにゅう)して計算してみましょう。

クラスの人数とシャープペンシルの値段(ねだん)をそれぞれおよその数にして計算します。

198 × 32

↓ ↓

200 × 30 = ［　　］

答え：およそ　　　円

およその数にせず計算して、だいたい合っていたか確(たし)かめます。

198 × 32 = ［　　］

だいたい合って［　　］。

小4⑧ がい数を使った計算の文章題

答えは、別冊⑨、⑩ページ

1 スイカは398円、メロンは924円、リンゴは185円です。3つの果物(くだもの)の合計金額(きんがく)をだいたい知りたいときの計算は、次のうちどれになるでしょうか。ふさわしいものを選(えら)んで計算し、答えを出しましょう。

ア 400 + 1000 + 200
イ 400 + 900 + 180
ウ 400 + 900 + 200

【式】

答え：だいたい　　　円

2 1000円札(さつ)1枚(まい)しか持っていないので、1000円をこえないように買い物をします。ハンバーガーは285円、ナゲットは292円、ポテトのLが198円、コーラが185円です。全部買ったらお金はたりるでしょうか。

【式】

答え：

3 少年野球のチーム48人で、試合(しあい)に出かけます。電車代は1人行き帰りで720円です。

1 全員の交通費(こうつうひ)はおよそいくらになるでしょうか。人数は一の位(くらい)を、金額(きんがく)は十の位(くらい)を四捨五入(ししゃごにゅう)して計算しましょう。

【式】

答え：およそ　　　　円

2 がい数にせずに計算し、およその数の計算が正しかったかどうか確(たし)かめましょう。だいたい合っていますか。

【式】

答え：　だいたい合って

4 引っこしていく友達（ともだち）へのプレゼントにクラスのみんなで 7980 円のぬいぐるみをプレゼントしました。クラスの人数は 39 人です。1 人がおよそいくらずつ出せばいいでしょうか。

【式】

答え：およそ　　　　円

5 500 円以上（いじょう）買えば、おまけがもらえるおかし屋さんがあります。キャンデーは 217 円、ガムは 135 円、チョコレートは 198 円です。3 つ全部買えばおまけがもらえるでしょうか。およその数にして計算し、確（たし）かめてみましょう。

【式】

答え：もらえ

6 あるレストランで、1000円以内でスパゲティとケーキとジュースを注文しようと思います。スパゲティは562円、ケーキはＳサイズが288円、Ｌサイズが398円、ジュースは138円です。できればケーキはＬサイズを食べたいのですが、食べられるでしょうか。

1000円以内で食べるから、およその数は切り捨て、切り上げどっちかな？

【式】

答え：

7 トーストとコーヒーとゆで卵をたのむと、サラダのサービスがあるきっさ店があります。トーストは1枚が78円、2枚が148円、3枚が218円、そしてコーヒーは215円、ゆで卵は58円です。サラダのサービスは合計金額が400円以上のときだけです。できるだけお金を使わずにサラダのサービスを受けるには、トーストを何枚注文すればいいでしょうか。ただし、コーヒーは1ぱい、ゆで卵は1個注文するものとします。

400円以上になるように食べることを考えるときは、切り上げかな？　切り捨てかな？

【式】

答え：　　　　枚

コラム③

カレンダーで遊ぼう！

算数が大好きなにゃんきちくんと、できれば算数はやりたくないピキくんが話をしています。

にゃんきちくん：ピキくん、カレンダーをながめて何してるの？

ピキくん：予定を確認してるんだ。何曜日と何曜日に遊ぼうかと思って。

にゃんきちくん：14 日はぼくと博物館に行く約束だから、予定を入れないでね。ところで、14 日の左右の日の数字の合計はいくつになるか、すぐに計算できる？

ピキくん：にゃんきちくんはなんでもすぐに算数にしちゃうから、めんどうくさいんだよね。13 ＋ 15 だから 28 でしょ。

にゃんきちくん：じゃあ、左右だけじゃなくて、上下の数字もたし算するとどうなる?

ピキくん：なんだよ、めんどうくさいことばかり言うなぁ……。ええと、14 の上は 7 で、下は 21 だから、7 ＋ 13 ＋ 15 ＋ 21 で……56 だ！

にゃんきちくん：14 × 4 ＝ 56 でも計算できるよ。

ピキくん：ナヌ！？　なんでそんな簡単に計算できんの？

にゃんきちくん：14 の左の 13 は 14 より 1 小さくて、右の 15 は 14 より 1 大きいから、15 から 1 を 13 にあげると、両方 14 になるよね。

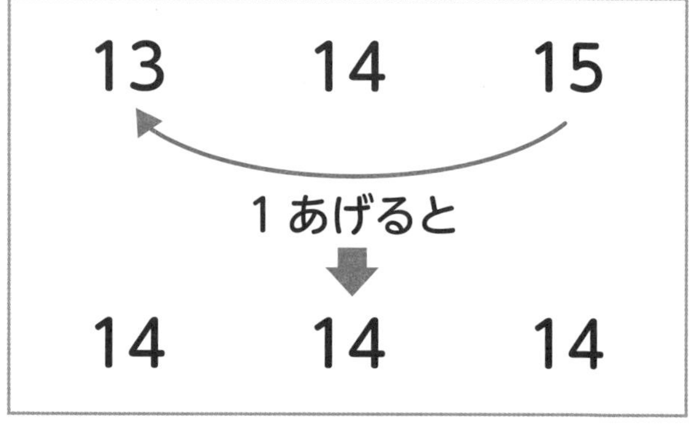

になる！

ピキくん：たしかに。
じゃ、7 と 21 は？

にゃんきちくん：7日は14日の1週間前だから、14より7小さいんだ。

ピキくん：そうか。じゃあ21日は14日の1週間後で14より7だけ大きいから、21日から7だけ7日にあげればいいんだ。

7		14
14	7あげると ➡	14
21		14

になる！

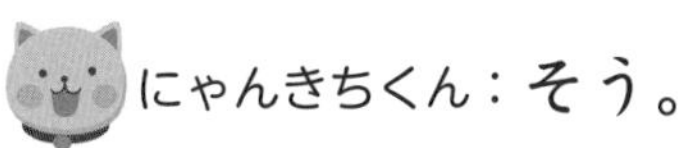

にゃんきちくん：そう。そのとおり。

ピキくん：おもしろいなぁ。

にゃんきちくん：カレンダーは1週間、7日ずつ数字が並べられているから、こうやってうまく利用するとおもしろい計算ができるんだ。ところでピキくん、毎月22日が「ショートケーキの日」なのは知ってる？

ピキくん：いや知らない。だって22日って、ぜんぜんショートケーキと関係ないじゃん。

にゃんきちくん：いや、ちゃんと理由があるよ。そしてカレンダーにも関係があるんだ。ショートケーキにのってるものといえば？

ピキくん：う～ん……あ、わかった！……ああ、ケーキが食べたくなってきちゃったよ。

にゃんきちくん：おやつにしよう！

さて、これは算数の問題ではなくクイズですが、毎月22日が「ショートケーキの日」なのにはちゃんと理由があります。

みなさんはわかりましたか？

カレンダーで22日の上には何がのっているでしょうか？

答えは132ページ

小4 ⑨

小数のたし算とひき算の文章題

つまずきをなくす説明

問題 1 にゃんきちくんの家から空き地までは1.05km、空き地から小学校までは0.72kmです。にゃんきちくんの家から空き地を通って小学校までは何kmありますか。

考え方のポイント

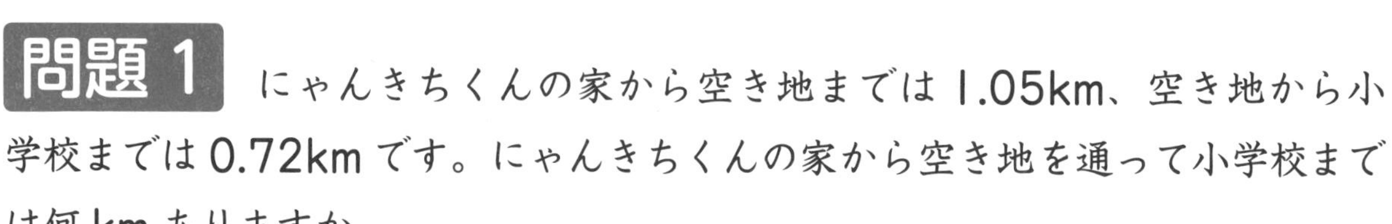

小数のたし算であることがわかります。
筆算で計算しましょう。

1.05 + 0.72 = 1.77

$$\begin{array}{r} 1.05 \\ +\ 0.72 \\ \hline \end{array} \Rightarrow \begin{array}{r} 1.05 \\ +\ 0.72 \\ \hline 1.77 \end{array}$$

小数点をそろえて。

答えにも小数点を忘れずに！

答え：1.77km

問題 2 6Lあったジュースを、今日は1.84L飲みました。ジュースは何L残っているでしょうか。

考え方のポイント 小数のひき算ですね。たし算と同じように筆算で考えましょう。

$$\begin{array}{r} 6 \\ -\ 1.84 \\ \hline \end{array} \Rightarrow \begin{array}{r} 6.00 \\ -\ 1.84 \\ \hline \end{array} \Rightarrow \begin{array}{r} 6.00 \\ -\ 1.84 \\ \hline 4.16 \end{array}$$

小数点の右にゼロがあると考えよう！

答え：4.16L

小4⑨ 小数のたし算とひき算の文章題

答えは、別冊⑩ページ

練習問題 1 0.72kgの重さのかごに、0.3kgのリンゴと0.81kgのバナナのふさを入れました。重さは全部で何kgになったでしょうか。

小数点をそろえよう！

小数のたし算ですね。小数点をそろえて筆算で解(と)きましょう。

0.72 ＋ 0.3 ＋ 0.81 ＝ 1.83

$$\begin{array}{r} 0.72 \\ 0.3 \\ +\,0.81 \\ \hline \end{array} \rightarrow \begin{array}{r} 0.72 \\ 0.3 \\ +\,0.81 \\ \hline 1.83 \end{array}$$

答え：　　kg

練習問題 2 にゃんきちくんの体重は、先月は5.6kgだったのですが、ダイエットしたため今月は少し減(へ)って4.88kgになりました。何kg減(へ)ったのでしょうか。

小数のひき算ですね。たし算と同じように、注意すべき点は小数点をそろえることです。

$$\begin{array}{r} 5.6 \\ -\,4.88 \\ \hline \end{array} \rightarrow \begin{array}{r} 5.6 \\ -\,4.88 \\ \hline 0.72 \end{array}$$

小数点をそろえよう！

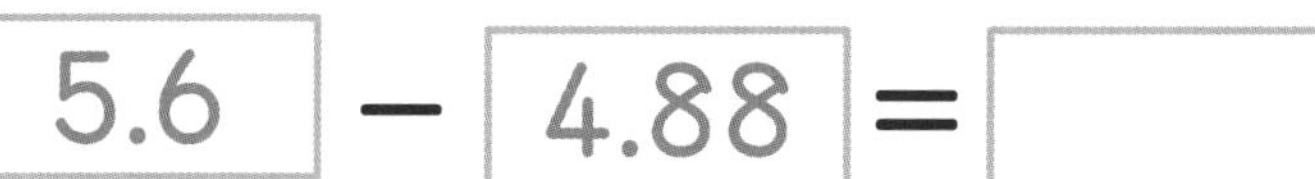

5.6 － 4.88 ＝

答え：　　kg

小4⑨ 小数のたし算とひき算の文章題

答えは、別冊⑩ページ

1 1.2L 入る水とうに、0.48L のお茶を入れました。あと何 L 入れることができますか。

【式】

【筆算】

答え：　　　　　L

2 36.5kg の体重のケンタさんが着ている服の重さは 3.45kg です。服を着たケンタさんは何 kg ですか。

【式】

【筆算】

答え：　　　　　kg

3 4.7m のリボンから 2.18m 切り取ると、残(のこ)りは何 m ですか。

【式】

【筆算】

答え：　　　　　m

4 3.5L 入るびんに、1.57L のはちみつが入っています。さらにびんに入れられるはちみつは何 dL でしょうか。

1L は何 dL だったかな？

【式】

【筆算】

答え：　　　　　dL

5 今日、草たけが 12cm のある草は、おとといは 1.76cm のび、昨日(きのう)は 3.2cm のびて今の草たけになっています。おとといのびる前は何 cm でしたか。

のびて、またのびて
12cm になったんだね。

【式】

【筆算】

答え：　　　　　cm

小4⑩

小数のかけ算の文章題

つまずきをなくす説明

問題 1 1枚4.8gの重さのコインを6枚はかりにのせました。はかりの目もりは何gになっているでしょうか。

考え方のポイント 1枚4.8gのコインを6枚用意しますから、かけ算ですね。

右はしをそろえよう！

式は 4.8×6 です。

筆算で計算します。

$4.8 \times 6 = 28.8$

$$\begin{array}{r} 4.8 \\ \times \quad 6 \\ \hline \end{array} \rightarrow \begin{array}{r} 4.8 \\ \times \quad 6 \\ \hline 28.8 \end{array}$$

答えに小数点をつける

答え：28.8 g

問題 2 はば14.5cmのタイルを横に80枚、ピッタリとくっつけて並べます。はしからはしまで何cmになりますか。

考え方のポイント 14.5cmのはばのタイルを80枚並べるので、かけ算ですね。

けたが大きくても、計算のしかたは整数と同じだね。

式は 14.5×80 です。

筆算で計算します。

$14.5 \times 80 = 1160$

$$\begin{array}{r} 14.5 \\ \times \quad 80 \\ \hline \end{array} \rightarrow \begin{array}{r} 14.5 \\ \times \quad 80 \\ \hline 1160.0 \end{array}$$

答えの小数点の右の0を消す

答え：1160 cm

小4⑩ 小数のかけ算の文章題

答えは、別冊⑪ページ

練習問題 1 ケンさんは麦茶を毎日 1.7dL ずつ飲みます。1週間では何 dL 飲むことになるでしょうか。

1週間は7日間。1日に 1.7dL ずつ飲みますから、かけ算ですね。

式は **1.7 × 7** です。

右はしをそろえよう！

$1.7 \times 7 = 11.9$

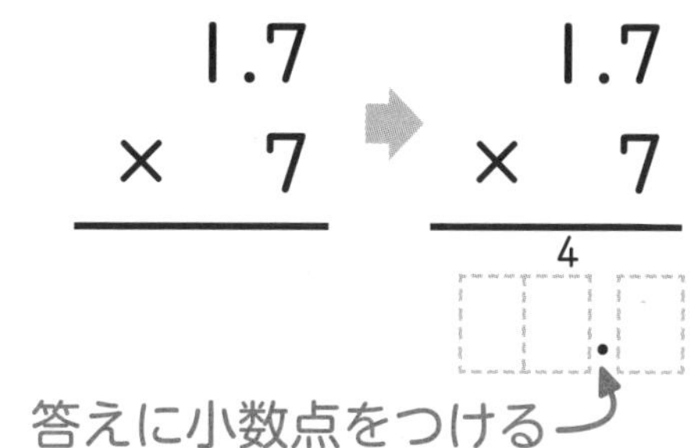

答え：　　　dL

練習問題 2 重さ 12.5g のカードを 40 枚(まい)重ねて重さを量(はか)りました。全部で何 g になっているでしょうか。

1枚(まい) 12.5g のものを 40 枚(まい)重ねるので、かけ算ですね。

式は **12.5 × 40** です。

40 の 0 の下に忘(わす)れずに 0 を書いておこう！

$12.5 \times 40 = 500$

```
  12.5        12.5
×  40    →  ×  40
―――――      ―――――
            □□□.□
```

答えの小数点の右の 0 を消す

答え：　　　g

小4⑩ 小数のかけ算の文章題

答えは、別冊⑪ページ

1 高さ 8.8cm の積み木を、17 段重ねました。全部で高さは何 cm になったでしょうか。

【式】

【筆算】

答え：　　　　　cm

2 1 個 26.4kg の米俵を 25 個トラックに積みました。全部で何 kg の荷物がのっていることになりますか。

【式】

【筆算】

答え：　　　　　kg

★☆☆

3 1 本 2.25L の水が入っているペットボトルが 30 本、箱に入っています。1 箱に水は全部で何 L 入っていますか。

【式】

【筆算】

答え：　　　　　L

4 3週間、1日に0.6dLずつ牛乳(ぎゅうにゅう)を飲みます。全部で何dL飲むことになりますか。

【式】

【筆算】

答え：　　　　　dL

5 1日に1700mずつ走ります。2週間で何km走ることになりますか。

1700mは何kmかな？

【式】

【筆算】

答え：　　　　　km

6 あるろうそくに火をつけると、1分間に1.5mmずつ短くなっていきます。このろうそくに火をつけてから2時間20分後に燃(も)えつきたとすると、はじめのろうそくの長さは何cmですか。

mmはcmに、時間は分に直して計算しよう。

【式】

【筆算】

答え：　　　　　cm

小4⑪

小数のわり算の文章題

つまずきをなくす説明(せつめい)

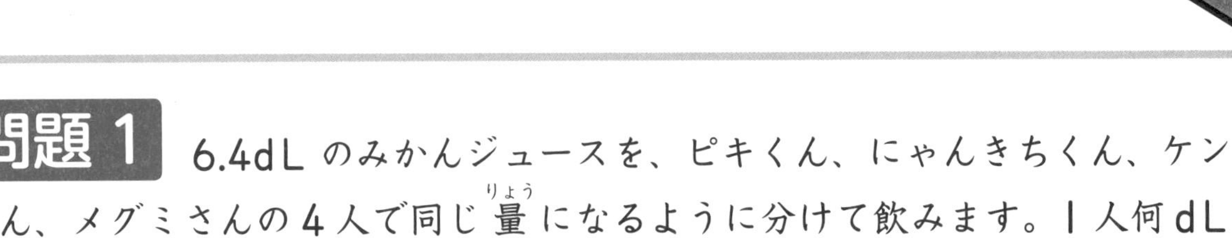

問題 1 6.4dL のみかんジュースを、ピキくん、にゃんきちくん、ケンさん、メグミさんの 4 人で同じ量(りょう)になるように分けて飲みます。1 人何 dL 飲めるでしょうか。

商に小数点をつけ忘(わす)れないようにしよう。

考え方のポイント 4 人で同じ量(りょう)になるように分けますから、わり算ですね。

式は $6.4 \div 4$ です。

筆算で計算しましょう。

$6.4 \div 4 = 1.6$

```
4)6.4  →    1      →   1.6  ← 上げる
          4)6.4        4)6.4
            4            4
            ―            ―
            24           24
                         24
                         ―
                          0
```

答え：1.6 dL

問題 2 毎日同じきょりだけ走って、5 日で 12km 走りたいと思います。1 日に何 km 走ればよいでしょうか。

小数点の下に 0 があると考える！

考え方のポイント

12km を同じきょりに分けるので、わり算ですね。わり切れるまで計算します。

式は $12 \div 5$ です。

筆算で計算しましょう。

$12 \div 5 = 2.4$

```
5)12  →    2       →    2.4  ← 上げる
         5)12.0        5)12.0
           10            10
           ―             ―
            20            20
                          20
                          ―
                           0
```

答え：2.4 km

問題 3 ある工場で、76.9kg の小麦粉を 1 ふくろに 6kg ずつつめていきます。6kg 入りのふくろが何個できて、小麦粉は何 kg あまりますか。

あまりにも小数点をつけ忘れないようにしよう。

考え方のポイント 76.9kg の小麦粉を 6kg ずつつめていくので、わり算ですね。ふくろの個数は小数にはならないので、商は一の位まで求めてあまりも出します。

式は **76.9 ÷ 6** です。

筆算で計算しましょう。

76.9 ÷ 6 = 12 あまり 4.9

```
   ________        1              12…4.9
 6 ) 76.9  →     ________     →     ________
               6 ) 76.9          6 ) 76.9
                   6                 6
                  ----              ----
                   16                16
                                     12
                                    ----  下げる
                                     4.9
```

答え： ふくろが 12 個できて、小麦粉は 4.9 kg あまる

問題 4 24.2L のしょうゆを 2L 入るびんに入れたところ、最後の 1 本は 2L 入りませんでしたが、他はすべて 2L ずつ入れることができました。しょうゆの入ったびんは全部で何本ありますか。

2L 入らなかったびんも 1 本と数えるよ。

考え方のポイント 24.2L を 2L ずつに分けるので、わり算ですね。びんの本数は小数にはならないので、商は一の位まで求めます。

式は **24.2 ÷ 2** です。

筆算で計算しましょう。

```
   ________        1              12…0.2
 2 ) 24.2  →     ________     →     ________
               2 ) 24.2          2 ) 24.2
                   2                 2
                  ----              ----
                   4                 4
                                     4
                                    ----  下げる
                                     0.2
```

24.2 ÷ 2 = 12 あまり 0.2

あまりの 0.2L を入れるのに、びんを 1 本使います。

12 + 1 = 13

答え： 13 本

小4⑪ 小数のわり算の文章題

答えは、別冊⑪、⑫ページ

練習問題 1 3.6kg のお好み焼きを、横山さん、西川さん、浜田さん、松本さんの4人で同じ重さずつになるように分けます。1人が食べるのは何kgですか。

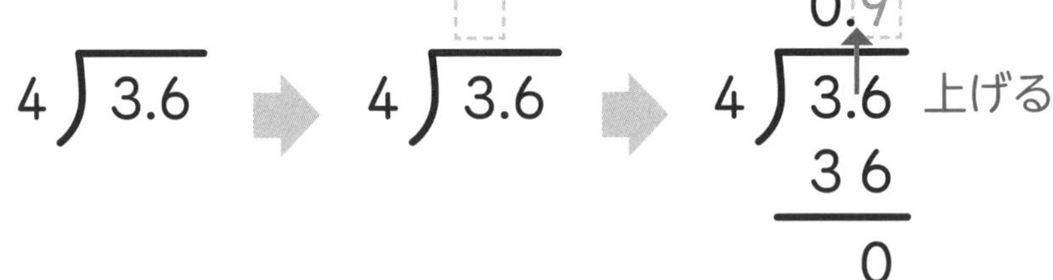

3.6kg を4等分するので、わり算ですね。

式は $3.6 \div 4$ です。

$3.6 \div 4 =$ 0.9

4) 3.6 → 4) 3.6 → 0.9 / 4) 3.6 上げる / 36 / 0

答え：　　kg

練習問題 2 18kg のお米を、4つの家族で同じ重さずつに分けます。1つの家族あたり何kgのお米をもらうことになりますか。

18kg を4等分するので、わり算ですね。わり切れるまで計算します。

式は $18 \div 4$ です。

$18 \div 4 =$ 4.5

4) 18 → 4 / 4) 18.0 / 20 → 4. / 4) 18.0 上げる / 16 / 20 / 20 / 0

答え：　　kg

練習問題3

78.5L のリンゴジュースを、3L ずつびんにつめていきます。3L 入ったびんが何本できて、リンゴジュースは何 L あまりますか。

78.5L を 3L ずつに分けていくので、わり算ですね。びんの本数は小数にはならないので、商は一の位(くらい)まで求(もと)めて、あまりも出します。

式は **78.5 ÷ 3** です。

$$
\begin{array}{r} \\ 3\,\big)\overline{78.5} \end{array}
\;\Rightarrow\;
\begin{array}{r} 2 \\ 3\,\big)\overline{78.5} \\ \square \\ \hline 18 \end{array}
\;\Rightarrow\;
\begin{array}{r} 2\square\;\cdots 0.5 \\ 3\,\big)\overline{78.5} \\ 6 \\ \hline 18 \\ 18 \\ \hline 0.5 \end{array}
$$

下げる

78.5 ÷ 3 = 26 あまり 0.5

答え：3L のびんが　　本できて、リンゴジュースは　　L あまる

練習問題4

長さ 683.8cm のリボンを 45cm ずつに切り分けたいと思います。45cm のリボンは何本できますか。

あまりは 45cmのリボンにはならないよ。

683.8cm を 45cm ずつに分けていくので、わり算ですね。リボンの本数は小数にはならないので、商は一の位(くらい)まで求(もと)めます。

式は **683.8 ÷ 45** です。

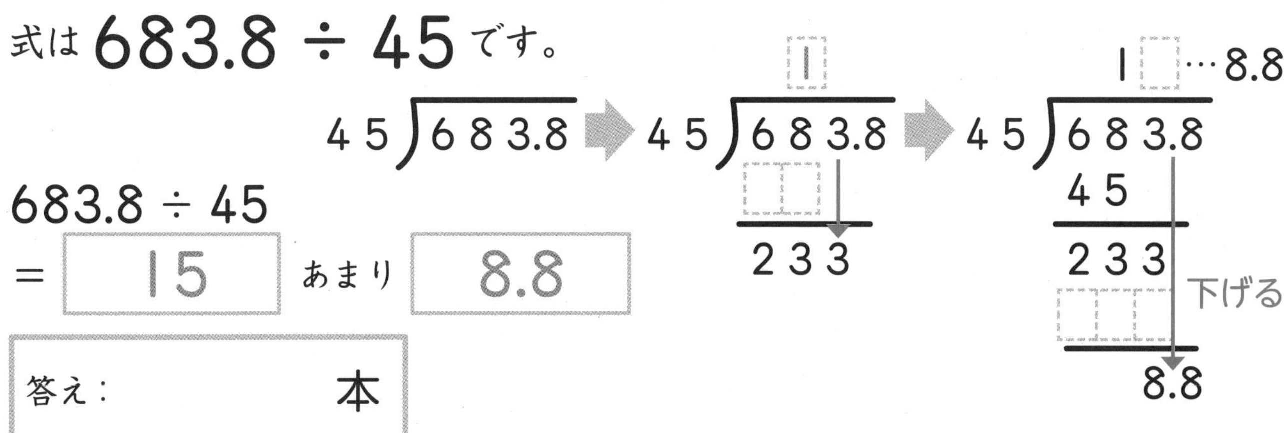

$$
\begin{array}{r} \\ 45\,\big)\overline{683.8} \end{array}
\;\Rightarrow\;
\begin{array}{r} 1 \\ 45\,\big)\overline{683.8} \\ \square\square \\ \hline 233 \end{array}
\;\Rightarrow\;
\begin{array}{r} 1\square\;\cdots 8.8 \\ 45\,\big)\overline{683.8} \\ 45 \\ \hline 233 \\ \square\square\square \\ \hline 8.8 \end{array}
$$

下げる

683.8 ÷ 45 = 15 あまり 8.8

答え：　　本

小4⑪ 小数のわり算の文章題

答えは、別冊⑫、⑬ページ

1 14.4m のひもを、リンゴさん、モモコさん、ヤスエさんの3人で同じ長さに切り分けます。1人分の長さは何 m になりますか。

【式】

【筆算】

答え：　　　　m

2 159.8L のお湯がおふろに入っています。これを、7L ずつバケツでくみ出していきます。何回くみ出せて、最後（さいご）にお湯は何 L あまりますか。

【式】

【筆算】

答え：　　回くみ出せて最後（さいご）に　　L あまる

3 同じパソコン 4 台の重さの合計が 14kg です。1 台の重さは何 kg ですか。

【式】

【筆算】

答え：　　　　kg

4 15 本のびんに、6L のジュースを同じ量ずつ分けたいと思います。1 本のびんに入るジュースの量は何 L ですか。

【式】

【筆算】

答え：　　　　L

5 水そうに 164.6L の水が入っています。これを、8L 入るバケツでくみ出していきます。何回くみ出すと水そうは空になりますか。

あまった水をくみ出すために１回必要だね。

【式】

【筆算】

答え：　　　　回

6 はばが 64.8cm の本だながあります。この本だなに厚さ 3cm の本を並べていくと、本を何冊入れることができますか。

3cm よりせまいと１冊入れることができないよ。

【式】

【筆算】

答え：　　　　冊

7 Aの水そうに入っている水と、Bの水そうに入っている水の合計は43.2Lで、Aの水そうに入っている水のほうが1.6L多くなっています。Aの水そうに入っている水は何Lでしょうか。

これまでに習った解き方で使えるものはないかな？

【図・式】

【筆算】

答え：　　　　L

50～57ページの「考える力をのばそう　ちがいに目をつけて」の考え方を思い出そう。

時計のはりが重なる回数は？

日曜日の昼、にゃんきちくんは算数の宿題を、ピキくんはね転んでゲームをしています。

ピキくん：ああ、もうお昼か～。おなかがすいたな～。にゃんきちくん、なんか作ってよ。

にゃんきちくん：12時だから時計の長いはりと短いはりがちょうど重なってるね。ところで、時計の長いはりと短いはりは1日に何回重なるか知ってる？

ピキくん：ナヌ？　そんなことがわかんの？　1日は24時間だから、24回じゃないの？

にゃんきちくん：それがちがうんだ。じゃあ、ぼくはお昼ごはんを作るから、その間に、次に長いはりと短いはりが重なるのが何時何分くらいか考えといて。

（お昼ごはんを食べながら）

ピキくん：12時の次に時計の長いはりと短いはりが重なるのは、1時ちょっと過(す)ぎだと思うんだ。

にゃんきちくん：そうだね。1時何分くらい？

ピキくん：1時だと、短いはりが1の数字のところにあるから、長いはりがそこに行くのは1時5分くらいかな。

にゃんきちくん：うん。でも長いはりが短いはりに追いつくまでに短いはりも少し動くから、1時5分ちょっと過(す)ぎだね。同じように2時台は2時10分ちょっと過(す)ぎ、3時台は3時15分ちょっと過(す)ぎ……って考えていくと……。

ピキくん：そうか、どの時刻（じこく）も｜回ずつ……じゃあやっぱり 24 回じゃないの？

にゃんきちくん：ピキくん、10 時台はどうか考えてみて。

ピキくん：10 時には長いはりが 12、短いはりが 10 のところにあるから、ええと、なかなか追いつかないな。あ、でも 11 時の少し前でぴったり重なるよ。

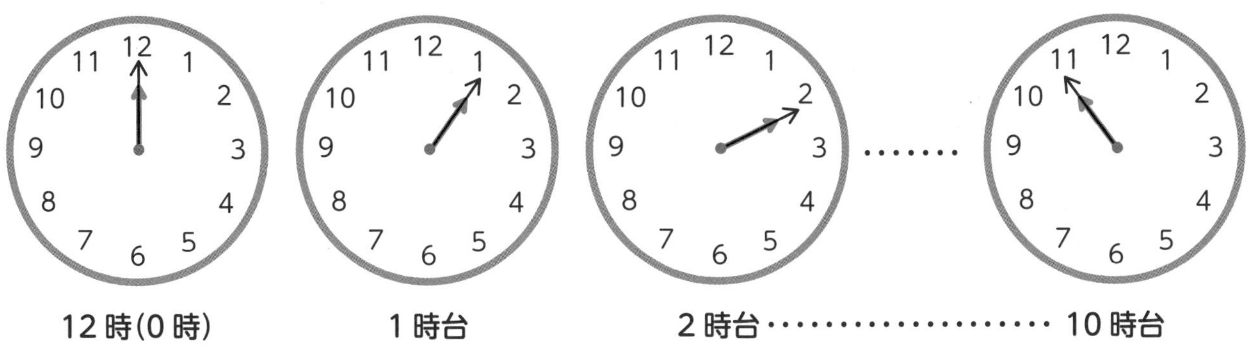

にゃんきちくん：最後（さいご）に、11 時台は？

ピキくん：ええっとこうやって進んでいって……あ、12 時で重なるよ！　あ、でも 12 時ってことは……。

にゃんきちくん：そうだね。11 時台じゃないよね。つまり、12 時間で□回しか重ならないってこと。

ピキくん：そうか！　12 時間で□回重なるってことは、1 日 24 時間で重なる回数はその 2 倍ってことになるね！

さて、みなさん、□に入る数字と、1 日に時計の長いはりと短いはりが重なる回数がわかったでしょうか？

答えは 132 ページ

「〇倍」の文章題

つまずきをなくす説明

問題 1 赤いリボンは60cm、青いリボンは240cmです。

(1) 青いリボンの長さは赤いリボンの長さの何倍ですか。

(2) 赤いリボンの長さは青いリボンの長さの何倍ですか。

考え方のポイント 「何倍ですか」と聞かれているので、わり算ですね。何は何の何倍かに気をつけて式を立てます。

(1) 青いリボンの長さは赤いリボンの何倍かを聞かれているので、赤いリボンの長さを1としたとき、青いリボンの長さがいくつになるかを考えます。

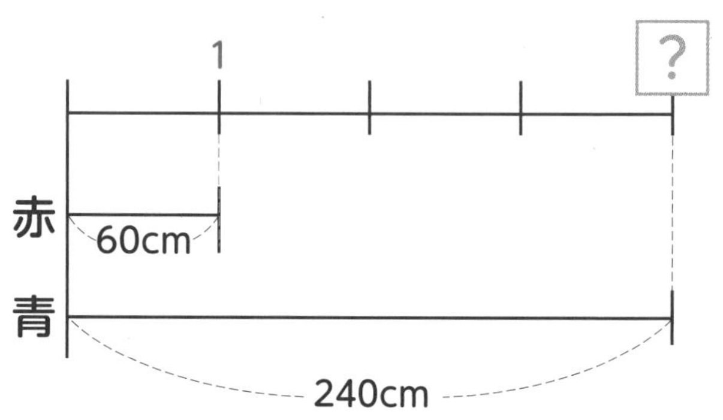

式は **240 ÷ 60** です。

240 ÷ 60 = 4

答え： 4 倍

(2) 赤いリボンの長さは青いリボンの何倍かを聞かれているので、青いリボンの長さを1としたとき、赤いリボンの長さがいくつになるかを考えます。

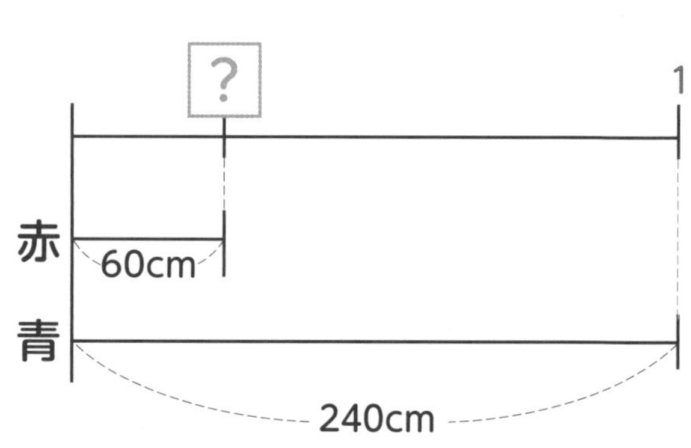

式は **60 ÷ 240** です。

60 ÷ 240 = 0.25

答え： 0.25 倍

問題 2 赤いバケツ、青いバケツ、黒いバケツがあり、赤いバケツには16.8L の水が入っています。

(1) 青いバケツに入っている水の量(りょう)は赤いバケツに入っている水の量(りょう)の 2 倍です。青いバケツには何 L の水が入っていますか。

(2) 赤いバケツに入っている水の量(りょう)は黒いバケツに入っている水の量(りょう)の 3 倍です。黒いバケツには何 L の水が入っていますか。

考え方のポイント 「何は何の何倍」に気をつけながら図に表し、かけ算・わり算のどちらになるか考えましょう。

(1) 青いバケツの水の量(りょう)は赤いバケツの 2 倍なので、図は右のようになります。青いバケツの水の量(りょう)を求(もと)めるので、かけ算です。

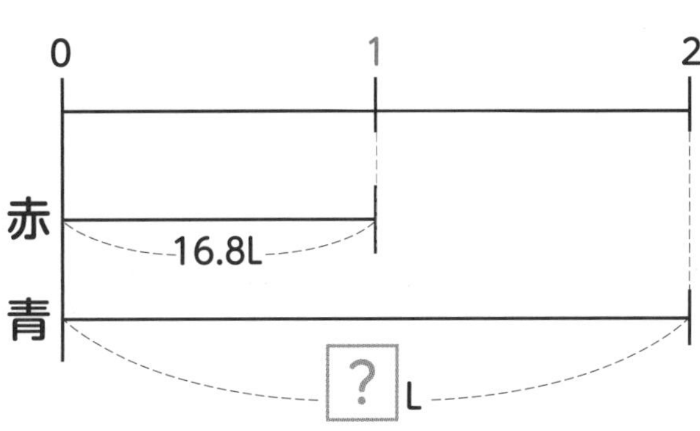

式は **16.8 × 2** です。

16.8 × 2 = 33.6

答え： 33.6 L

(2) 赤いバケツの水の量(りょう)は黒いバケツの 3 倍なので、図は右のようになります。黒いバケツの水の量(りょう)を求(もと)めるので、わり算です。

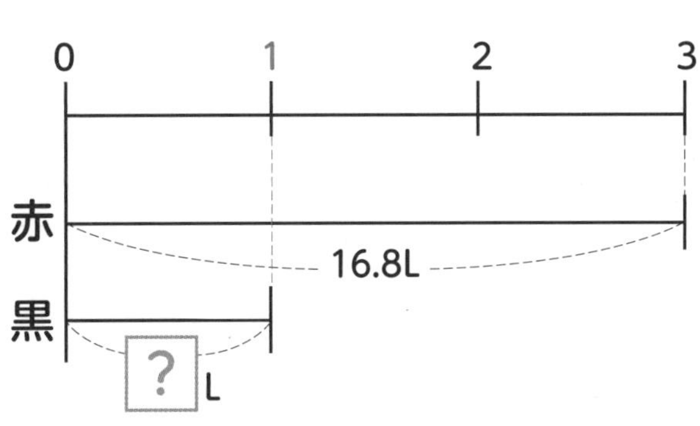

式は **16.8 ÷ 3** です。

16.8 ÷ 3 = 5.6

答え： 5.6 L

小4⑫「○倍」の文章題

答えは、別冊⑬ページ

練習問題 1 タツヤさんの体重は25kg、お父さんの体重は70kgです。お父さんの体重はタツヤさんの体重の何倍ですか。

「何倍ですか」と聞かれているのでわり算です。お父さんの体重はタツヤさんの何倍かを聞かれているので、

式は 70 ÷ 25 です。

70 ÷ 25 = 2.8

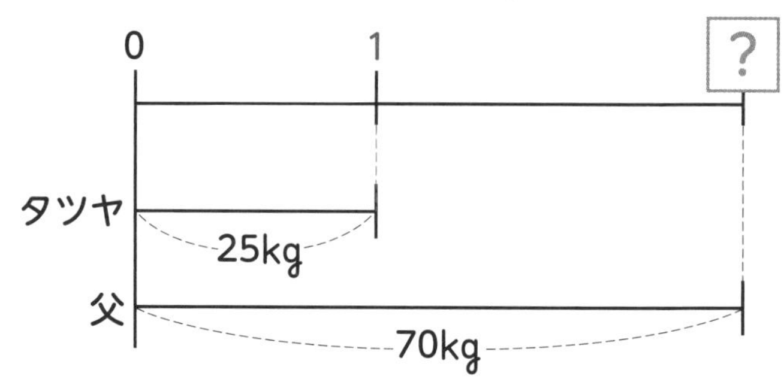

答え：　　倍

練習問題 2 赤いボールの重さは80g、青いボールの重さは200gです。赤いボールの重さは青いボールの重さの何倍ですか。

「何倍ですか」と聞かれているのでわり算です。赤いボールの重さは青いボールの何倍かを聞かれているので、

式は 80 ÷ 200 です。

80 ÷ 200 = 0.4

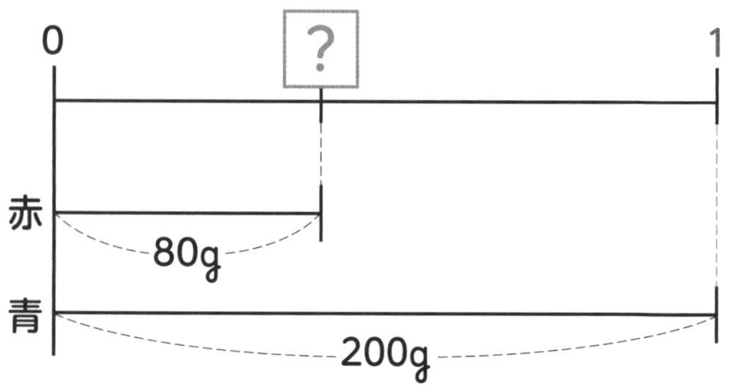

答え：　　倍

練習問題 3

ヒカルさんの体重は 23.4kg で、お父さんの体重はヒカルさんの体重の 3 倍です。お父さんの体重は何 kg ですか。

お父さんの体重はヒカルさんの 3 倍なので、お父さんの体重を求(もと)めるにはかけ算をします。

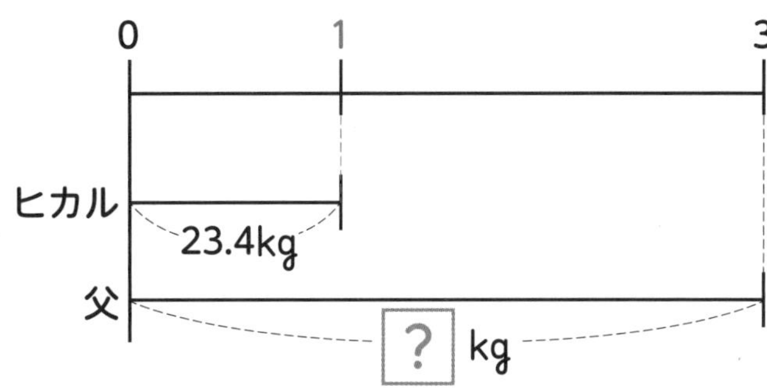

式は **23.4 × 3** です。

23.4 × 3 = 70.2

答え：　kg

練習問題 4

赤いボールの重さは 150g で、これは青いボールの重さの 4 倍です。青いボールの重さは何 g ですか。

赤いボールの重さは青いボールの 4 倍なので、青いボールの重さを求(もと)めるにはわり算をします。

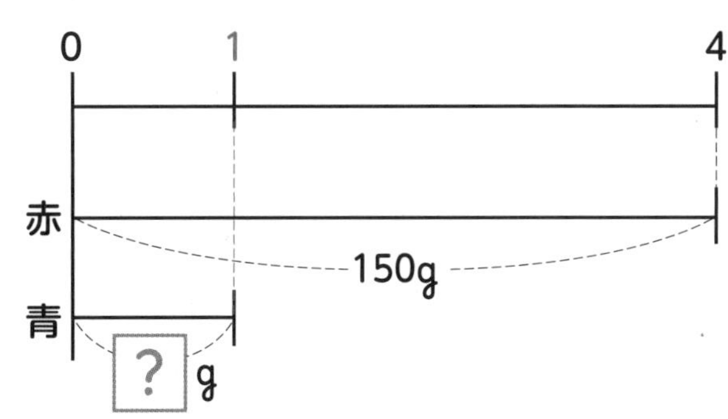

式は **150 ÷ 4** です。

150 ÷ 4 = 37.5

答え：　g

小4⑫「○倍」の文章題

答えは、別冊⑬、⑭ページ

1 赤のカードが20枚、青のカードが50枚あります。赤のカードの枚数は青のカードの枚数の何倍ですか。

【式】

答え：　　　　倍

2 赤いおはじきが48個、青いおはじきが120個あります。青いおはじきの個数は赤いおはじきの個数の何倍ですか。

【式】

答え：　　　　倍

3 赤いテープの長さは 2.7m で、青いテープの長さは赤いテープの長さの 3 倍です。青いテープの長さは何 m ですか。

【式】

答え：　　　　m

4 赤いボールの重さは 84g で、赤いボールの重さは青いボールの重さの 5 倍です。青いボールの重さは何 g ですか。

【式】

答え：　　　　g

5 兄の体重は 30kg、弟の体重は 25kg、お父さんの体重は 77kg です。お父さんの体重は兄、弟 2 人の体重の合計の何倍ですか。

【式】

答え：　　　　倍

6 赤いリボンの長さは 1.4m で、青いリボンの長さは赤いリボンの長さの 3 倍です。また青いリボンの長さは黄色いリボンの長さの 2 倍です。黄色いリボンの長さは何 m ですか。

かけ算・わり算のどちらかな？
落ち着いて考えよう。

【式】

答え：　　　　m

7 ミカさんの家から学校までの道のとちゅうに公園があります。ミカさんの家から公園までの道のりは 1.64km で、これは公園から学校までの道のりの 2 倍にあたります。ミカさんの家から学校までの道のりは何 km ですか。

どこの道のりを聞かれているのかよく読んでね。

【式】

答え：　　　　　km

小4⑬

分数のたし算とひき算の文章題

つまずきをなくす説明

問題 1　Aの容器にはトマトジュースが$\frac{2}{7}$L、Bの容器にはトマトジュースが$\frac{4}{7}$L入っています。AとBの容器のトマトジュースを合わせると、トマトジュースは合計何Lになるでしょうか。

考え方のポイント

1Lを7つに分けた1つ分の量が$\frac{1}{7}$L、その2つ分の量が$\frac{2}{7}$L、4つ分の量が$\frac{4}{7}$Lということになります。合計ですから、2つをたし算します。

「1Lを7つに分けたもの」の「2つ分」と「4つ分」の合計を考えるので、7はたし算せず、2と4のたし算になります。

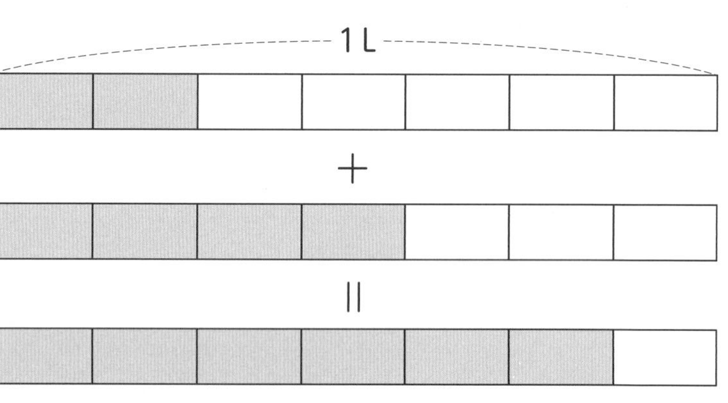

$$\frac{2}{7}+\frac{4}{7}=\frac{2+4}{7}=\frac{6}{7}$$

分子どうしをたし算すればいいんだね。

答え：$\frac{6}{7}$L

※もしもたし算の答えが$\frac{7}{7}$のように、分母＝分子となったら、右の図のように、答えは1Lとなります。

1L

問題 2 $2\frac{2}{6}$ L の麦茶が入っているポットから、今日メグミさんは $\frac{5}{6}$ L 飲みました。ポットに残（のこ）っている麦茶は何 L でしょうか。

考え方のポイント

飲んだ残（のこ）りを聞かれているので、ひき算ですね。

式は $2\frac{2}{6} - \frac{5}{6}$ です。

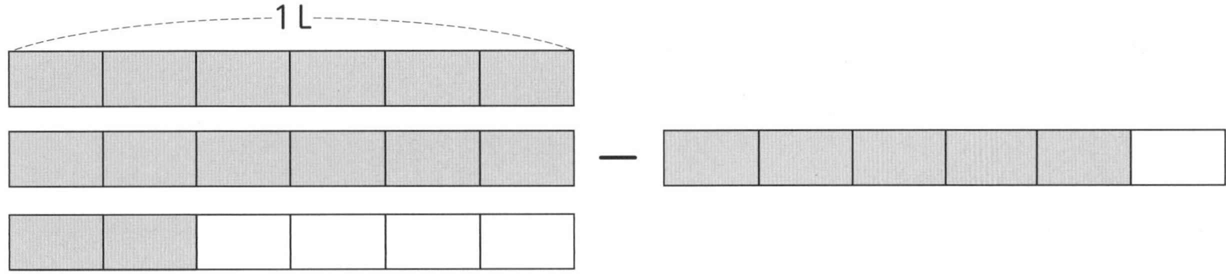

帯分数（たいぶんすう）を仮分数（かぶんすう）に直して考えると、

$2\frac{2}{6} = \frac{14}{6}$ なので、

$\frac{14}{6} - \frac{5}{6} = \frac{9}{6}$ です。

答えが仮分数（かぶんすう）になったので、帯分数（たいぶんすう）に直しておきましょう。

$\frac{9}{6} = 1\frac{3}{6}$

答え： $1\frac{3}{6}$ L

小4⑬ 分数のたし算とひき算の文章題

たしかめよう

答えは、別冊⑭ページ

練習問題 1 牛肉のひき肉 $\frac{2}{5}$ kg と、ぶた肉のひき肉 $\frac{4}{5}$ kg を混ぜて、合いびき肉を作ります。混ぜ合わせると合計何 kg の合いびき肉ができるでしょうか。

1 kg の重さを 5 つに分けたうちの 1 つの重さが □ kg、その □ つ分と □ つ分の合計を聞かれているので、たし算です。

式は $\frac{2}{5}$ ＋ $\frac{4}{5}$ です。

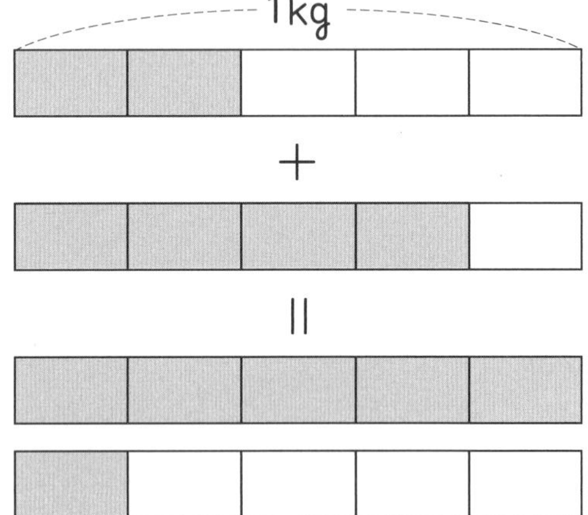

分子どうしのたし算となるので、

$$\frac{2}{5}+\frac{4}{5}=\frac{2+4}{5}=\frac{6}{5}$$

右上の図のように、$\frac{5}{5}$ kg＝ 1 kg なので、

$$\frac{6}{5}\text{kg} = 1\frac{1}{5}\text{kg}$$

仮分数(分子≧分母)は帯分数に直すといいね。

となります。

答え：　　kg

練習問題 2　かごにメロン、リンゴ、バナナが入っていて、かごごと重さを量ると $1\frac{2}{9}$ kg でした。この中から $\frac{7}{9}$ kg のメロンを食べました。残りをかごごと重さを量ると、何 kg ありますか。

$1\frac{2}{9}$ kg から、メロンの重さ $\boxed{\frac{7}{9}}$ kg が減ったので、ひき算ですね。

式は $\boxed{1\frac{2}{9}}$ − $\boxed{\frac{7}{9}}$ です。

図に表すとこんな感じだね。

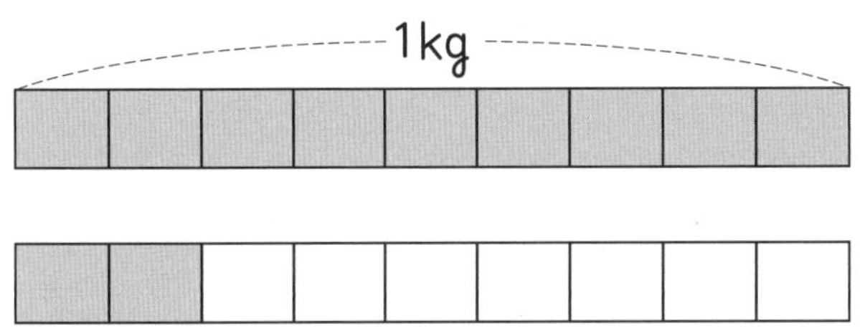

−

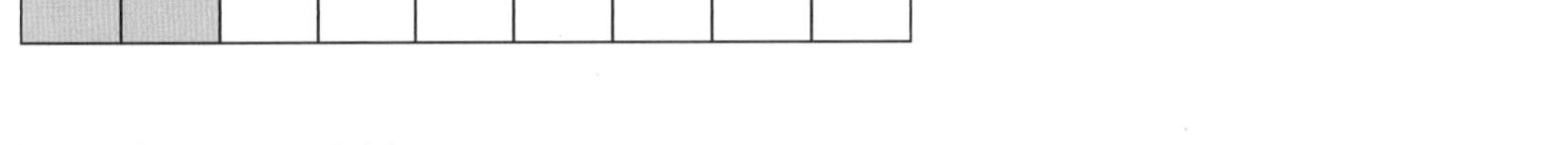

帯分数を仮分数に直すと、

$$1\frac{2}{9} = \boxed{}$$

$$\boxed{\frac{11}{9}} - \boxed{\frac{7}{9}} = \boxed{}$$

答え：　　　kg

小4⑬ 分数のたし算とひき算の文章題

答えは、別冊⑭、⑮ページ

1 ピザを買ってきました。8等分し、ピキくんとメグミさんはそれぞれ3切れ、にゃんきちくんは1切れ食べました。3人が食べたピザの合計は、1枚(まい)のどれだけにあたりますか。

【式】

答え：

2 ケンさんとタッキーさんは、それぞれとり肉を持ち寄(よ)ってフライドチキンを作りました。ケンさんは $1\frac{2}{5}$kg、タッキーさんが $2\frac{1}{5}$kg のとり肉を持ってきたとすると、とり肉は合わせて何kgだったでしょうか。

整数どうし、分数どうしを計算してみよう。

【式】

答え：　　　　kg

3 ペットボトルの水を $1\frac{5}{8}$L 使うと、ペットボトルには $\frac{3}{8}$L の水が残(のこ)っていました。はじめペットボトルには何Lの水が入っていましたか。

分数どうしを計算してみよう。

【式】

答え：　　　　L

4 $2\frac{5}{6}$m あったリボンを、$1\frac{3}{6}$m 使いました。リボンは何 m 残(のこ)っているでしょうか。

【式】

答え：　　　　m

5 ジュース $2\frac{2}{5}$L には、果(か)じゅうなどが $\frac{4}{5}$L ふくまれていて、残(のこ)りが水です。このジュース $2\frac{2}{5}$L には水が何 L ふくまれていますか。

【式】

答え：　　　　L

6 ピキくんの家から公園までは $\frac{6}{7}$km、またピキくんの家から公園を通って駅までは $2\frac{5}{7}$km です。公園から駅までは何 km でしょうか。

【式】

答え：　　　　km

7 ある分数から$\frac{6}{7}$をひくと、答えが$\frac{10}{7}$になりました。ある分数はいくつでしょうか。

一度ひき算の式にして、わからないところをどう求(もと)めるか考えよう。

【式】

答え：

8 $1\frac{3}{8}$L あった水を、おととい$\frac{5}{8}$L 使ってしまったので、昨日(きのう) 2L たしておきました。今日また $1\frac{2}{8}$L 使ったら、水は何 L 残(のこ)っているでしょうか。

順(じゅん)に、1 つずつ計算していこう。

【式】

答え：　　　　L

9 ある分数に$\frac{5}{9}$をたすはずが、まちがってひいてしまったので、答えが$1\frac{5}{9}$になりました。正しい答えはいくつでしょうか。

【式】

ある分数ではなく、正しい答えを求めるんだね。

答え：

ある分数$-\frac{5}{9}=1\frac{5}{9}$から、まずは「ある分数」を求めるといいね。

小4 14

共通部分に目をつけて

つまずきをなくす説明

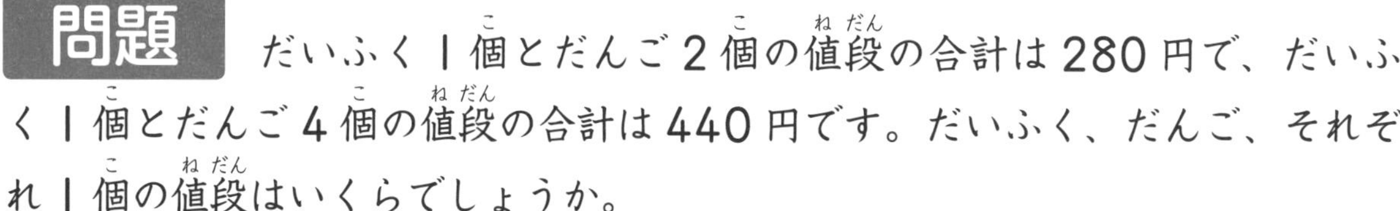

問題 だいふく1個とだんご2個の値段の合計は280円で、だいふく1個とだんご4個の値段の合計は440円です。だいふく、だんご、それぞれ1個の値段はいくらでしょうか。

考え方のポイント

2通りの買い方の共通部分に目をつけて、ちがいが何なのかを考えましょう。そのためには、図をかくことが大切です。

共通部分は同じ値段のはず。値段のちがいが何なのかがわかるね。

だいふく　だんご　だんご

だいふく　だんご　だんご　だんご　だんご

図にしてみると、2つの買い方のちがいはだんご2個分です。これが金額のちがい

440 − 280 = 160（円）なのですね。

だからだんご1個の値段は 160 ÷ 2 = 80（円）

上の図を使って
だいふくの値段は　280 − 160 = 120（円）

答え：　だいふく120円　だんご80円

小4⑭ 共通部分に目をつけて

答えは、別冊⑮ページ

練習問題 チョコレート１枚とキャンデー３個で360円です。また、チョコレート１枚とキャンデー６個で570円です。チョコレート１枚、キャンデー１個の値段はそれぞれいくらになるでしょう。

どんな買い方をしているのか図にしてみましょう。

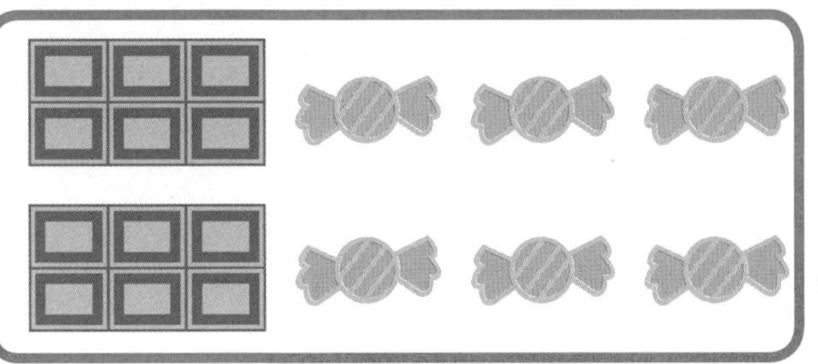

360円

570円

自分で線分図をかく練習をしておこう！

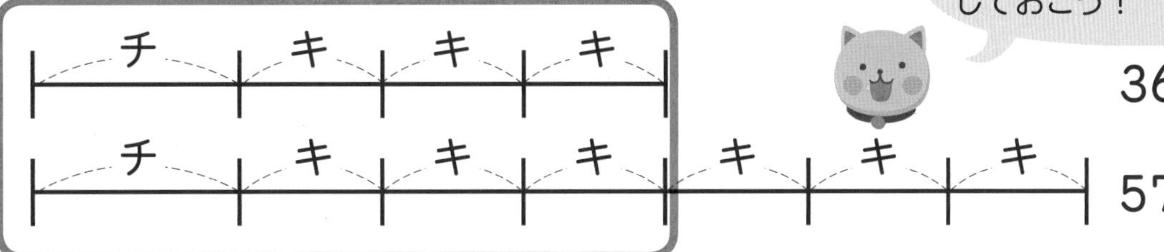

360円

570円

570 − [360] = [　　] （[　　] ３個の値段）

210 ÷ [3] = [　　] （キャンデー１個の値段）

上の線分図を使って、

[360] − 210 = [　　] （チョコレート１枚の値段）

答え：　チョコレート1枚　　　　円　キャンデー1個　　　　円

小4⑭ 共通部分に目をつけて

答えは、別冊⑮、⑯ページ

1 ノート2冊とえん筆2本で320円です。また、ノート2冊とえん筆5本で410円です。ノート1冊、えん筆1本の値段はそれぞれいくらでしょうか。

【式】

答え：　ノート1冊　　円　えん筆1本　　円

2 リンゴ3個とみかん3個で960円、リンゴ3個とみかん7個で1440円です。リンゴ1個、みかん1個の値段はそれぞれいくらでしょうか。

【式】

答え：　リンゴ　　円　みかん　　円

3 ガム２個、クッキー３枚で390円です。また、ガム４個、クッキー３枚で510円です。ガム１個、クッキー１枚の値段はそれぞれいくらでしょうか。

個数が同じなのはどっちかな？

【式】

答え：　ガム　　　円　クッキー　　　円

4 えん筆２本、ボールペン３本で410円です。またえん筆３本、ボールペン２本で340円です。えん筆１本、ボールペン１本の値段はそれぞれいくらでしょうか。

これは難問！ 410 + 340 = 750は
何の値段かな？

【式】

答え：　えん筆　　　円　ボールペン　　　円

コラム5

ハノイの塔って知ってる？

みなさんは「ハノイの塔」というゲームを知っていますか？　3本の柱と数枚の円ばんを使ったゲームで、円ばんは大小様々な大きさのものがあり、それぞれの真ん中には柱がちょうど通るくらいの穴があいています。

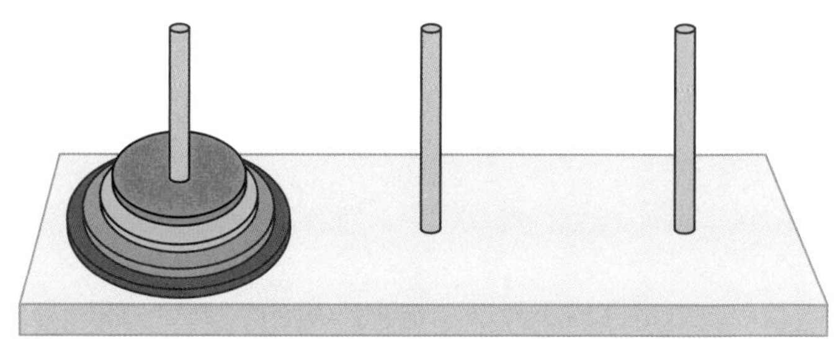

1本の柱に円ばんを重ねた状態をスタートとしますが、重ねるときには必ず下の円ばんのほうが上の円ばんより大きくなるように重ねるきまりがあります。1本の柱に重ねた円ばんを別の柱に重ねた状態に移すのですが、移すとちゅうでも下の円ばんのほうが上の円ばんより大きくなるように重ねる必要があります。

いま、図のように3本の柱の1本に3枚の円ばんが重なっています。この3枚の円ばんを別の柱に移したい場合、図のように7回の手順で移すことができます。

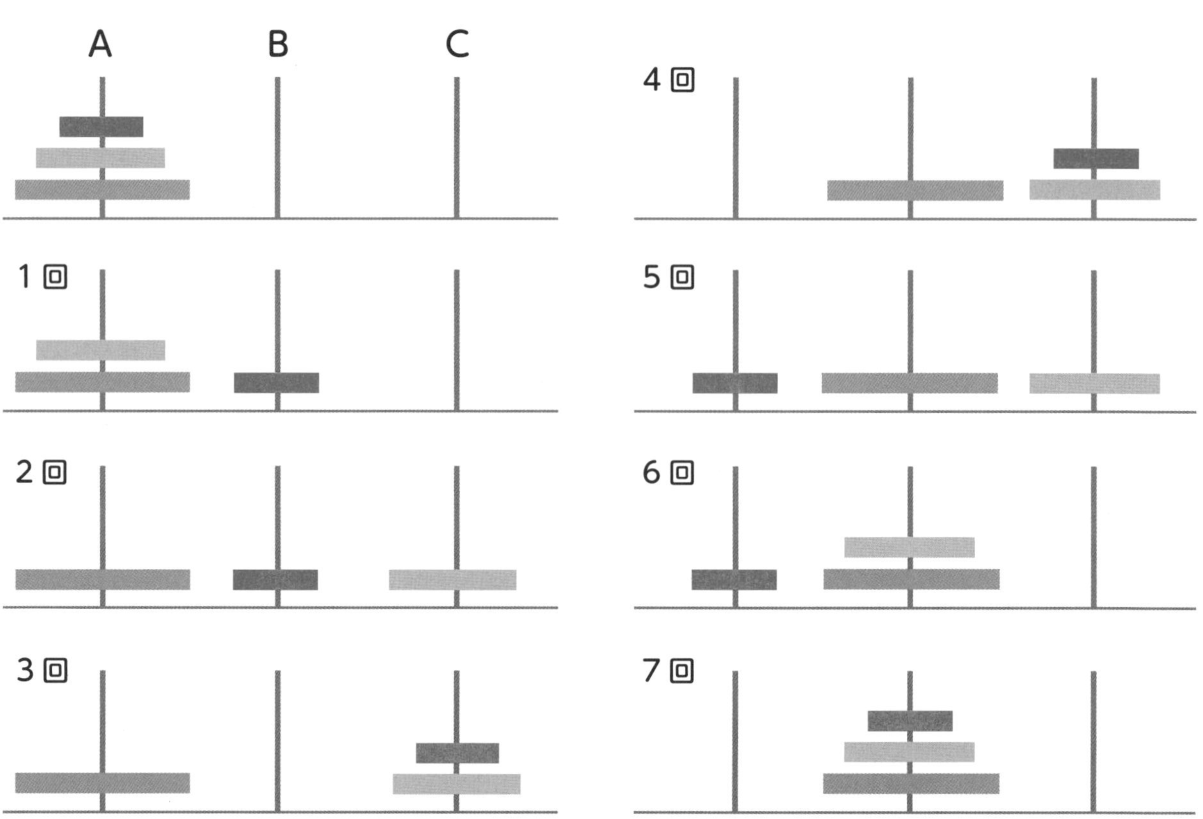

いま、ピキくんとにゃんきちくんが4枚の円ばんの移動にちょう戦しようとしています。

ピキくん：何回かかるかな……ええとさっきと同じ手順で……ふ～っ、やっと7回で上の3枚をとなりの柱に移したぞ。さて次に……。

にゃんきちくん：ということは、全部で15回で4枚全部を移すことができるんだね。

ピキくん：ナヌ！？　なんでそんなことがわかんの？

にゃんきちくん：だって考えてみてよ。次の1回で、いちばん下の円ばんを右はしの柱に移すじゃない？

ピキくん：よし、これで8回目だ。じゃ、今から残りの3枚をこの大きな円ばんの上に移していけばいいんだね。

にゃんきちくん：それに何回必要？

ピキくん：だってそんなこと、やってみないと……。

にゃんきちくん：3枚を移すんだよね？

ピキくん：そうだけど……そうか！　3枚移すんだからさっきと同じで7回だ！

にゃんきちくん：だから……。

ピキくん：7＋1＋7　で、15だね。

にゃんきちくん：じゃあ5枚だったら？

ピキくん：え～、もういいよ～！

さて、みなさんはわかるでしょうか？

回数を出すだけだったら、計算ですぐに出せることがわかりましたね。計算方法と回数を考えてみてください。

答えは132ページ

小4⑮

計算のきまり

つまずきをなくす説明

問題1 150円のチョコレート1枚と、60円のキャンデーを3つ買って、500円玉を出しました。このときのおつりを1つの式で求めましょう。

考え方のポイント 「1つの式で」とありますから、計算の順序に気をつけ、(　)なども使って式を立てましょう。計算のきまりで気をつけなければならないのは、次の2つです。

①「＋・－」と「×・÷」がある式では、「×・÷」から先に計算する
②(　)のある式では、(　)の中から計算する

つまり、いちばんはじめに計算するのは(　)の中にある「×・÷」です。
この問題ではおつりを答えるので、

500 － [買ったものの合計金額] ＝ [おつり]

という式になります。
買ったものの合計金額を先に計算し、それを500円からひけばいいですね。
買ったものは、150円のチョコレート1枚と、60円のキャンデー3つ。

150 ＋ 60 × 3 ← こちらを先に計算

60 × 3 ＝ 180　を先に計算し、それを150円にたします。
180 ＋ 150 ＝ 330　これを500円からひきます。
500 － 150 ＋ 60 × 3 ← こちらを先に計算

このままでは [150 ＋ 60 × 3] を先に計算することにならないので、(　)をつけて、
500 － (150 ＋ 60 × 3) ＝ 170

順序どおりの計算になるようにうまく(　)をつけよう。

答え：170円

問題 2　１本97円のオレンジジュースを５本買いました。代金は全部でいくらでしょう。式を立て、くふうして計算しましょう。

考え方のポイント

１本97円のオレンジジュースを５本買いますから、

式は **97 × 5** ですが、

くふうすると筆算しなくても計算できるようになります。

「97円は100円より３円安い」ということに目をつけて、

(100 − 3) × 5

という式にします。

この式は、

100 × 5 − 3 × 5

というふうに書きかえられます。

「100円玉５枚で支はらうのだけれど、１本につき100円より３円安いので、５本分では３ × 5 = 15で15円返してもらう」と考えるのです。

97 × 5

= (100 − 3) × 5

= 100 × 5 − 3 × 5

= 500 − 15

= 485

覚えておくと
9999 × 5　といった計算も
簡単にできるね。

(○＋□) ×△＝○×△＋□×△

(○−□) ×△＝○×△−□×△

を覚えておくといいね。

答え：　485円

小4⑮ 計算のきまり

答えは、別冊⑯ページ

練習問題 1 150円のクッキー1枚と、200円のプリンを3つ買って、1000円札を出しました。おつりを1つの式で求めましょう。

1000 − [買ったものの合計金額] = [おつり]

の計算になりますね。

買ったものは、150円のクッキー1枚と、200円のプリン3つ。

式は [150] + [200] × 3 ← こちらを先に計算

[200] × 3 = [　　] を先に計算し、それを150円にたします。

150 + [　　] = [750] これを [1000] 円からひきます。

[　　] − 150 + [200] × 3 ← こちらを先に計算

このままでは [150 + 200 × 3] を先に計算することにならないので、

(　　) をつけて

1000 − (150 + [200] × 3) = [　　]

先に計算したいところに(　　)をつけるんだね。

25 × 4 = 100　　25 × 8 = 200

15 × 8 = 120

なども覚えておくと計算のくふうに使えます。

答え：　　　円

練習問題 2 重さ 108g のスマートフォン 7 台の重さの合計は何 g でしょうか。式を立て、くふうして計算しましょう。

108g の重さのスマートフォン 7 台の重さですから、

式は [ ] × 7 です。くふうして計算しましょう。

「108g は 100g より 8g 重い」ということに目をつけて、

([100] + [ ]) × 7

という式にします。
この式は、

[100] × 7 + [8] × 7

というふうに書きかえられます。

すばやく式の形を変えられるよう練習しておこう。

108 × 7
= ([100] + [ ]) × 7
= [ ] × 7 + [8] × 7
= [700] + [ ]
= [ ]

答え： g

小4⑮ 計算のきまり

答えは、別冊⑯、⑰ページ

1 さいふに1000円入っていましたが、八百屋さんで350円のカボチャを1つ買い、スーパーで150円のトマトを4つ買いました。今さいふにはお金がいくら残っているでしょうか。1つの式で求められるよう、下の式に（　　）をつけて計算しましょう。

【式】

$$1000 - 350 + 150 \times 4$$

答え：　　　　　円

2 1kgの値段が250円のお米を5kg買って、2000円出しました。おつりはいくらでしょうか。1つの式で求めましょう。

【式】

答え：　　　　　円

3 1200円のタオル1枚と、400円の石けんを6つ買って、5000円札を出しました。おつりはいくらでしょうか。1つの式で求めましょう。

【式】

答え：　　　　　円

4 １つ980円の駅弁（えきべん）を、家族５人分買いました。全部で代金はいくらでしょうか。式を立て、くふうして計算しましょう。

【式】

980×5

$= (\square - \square) \times 5$

$= \square \times 5 - \square \times 5$

$= \square - \square$

$= \square$

答え：　　　　円

5 25人の子どもが１日４羽ずつ、折（お）り紙でつるを折（お）ります。25日間で何羽のつるができるでしょうか。式を立て、くふうして計算しましょう。

【式】

4 × 25 の答えはいくつになるかな？

答え：　　　　羽

6 1本250円のシャープペンシルと、1本500円のボールペンをセットにして、8人の卒業生にプレゼントします。代金は全部でいくらになるでしょうか。1つの式で求めましょう。

2通りの式があるね。

【式】

答え：　　　　円

7 潮ひがりで、ピキくんは47個、メグミさんは28個、にゃんきちくんは53個、ケンさんは22個のあさりをとりました。全部で何個とれましたか。式を立て、くふうして計算しましょう。

計算の順序をくふうすると
簡単にできそうだね。

【式】

答え：　　　　個

8 下の図のように、おはじきを縦、横どちらも999個になるように、正方形の形にぎっしりとしきつめました。おはじきは全部で何個になるでしょうか。くふうして求めましょう。

【式】

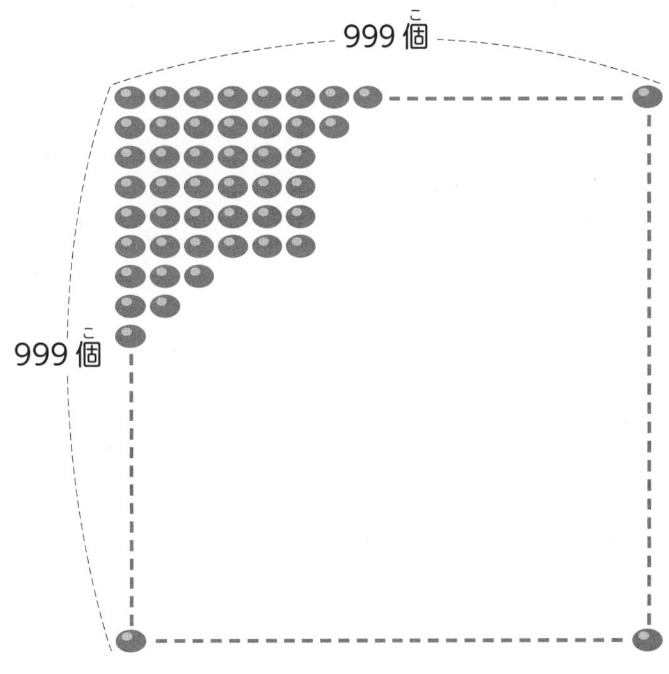

縦、横ともあと１列あれば簡単なんだね。

答え：　　　　個

小4 16

□を使った式

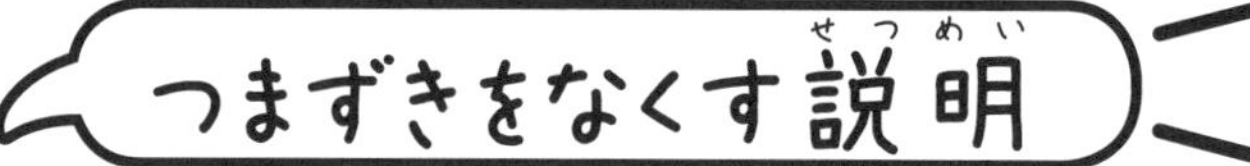

問題 1 □円持って買い物に行き、240円のノートを買ったところ、残りのお金は440円になりました。これを□を使った式に表しましょう。また□にあてはまる数を求めましょう。

考え方のポイント ことばの式にあてはめて、□を使った式を作ります。

(持っていったお金) − (ノートの値段) = (残りのお金)

□ − 240 = 440

右の図のような関係になるので、
□はたし算で求めます。
□ = 240 + 440 = 680

□円
240円 ノートの値段
440円 残りのお金

答え： □を使った式 □ − 240 = 440 □ = 680

問題 2 120個のおはじきを□人で同じ個数ずつ分けたところ、1人6個ずつもらえました。これを□を使った式に表しましょう。また□にあてはまる数を求めましょう。

考え方のポイント ことばの式にあてはめます。

(全体のおはじきの個数) ÷ (人数) = (1人あたりのおはじきの個数)

120 ÷ □ = 6

右の図のような関係になるので、
□はわり算で求めます。
□ = 120 ÷ 6 = 20

120個
6個 6個
1人目 2人目 □人目

答え： □を使った式 120 ÷ □ = 6 □ = 20

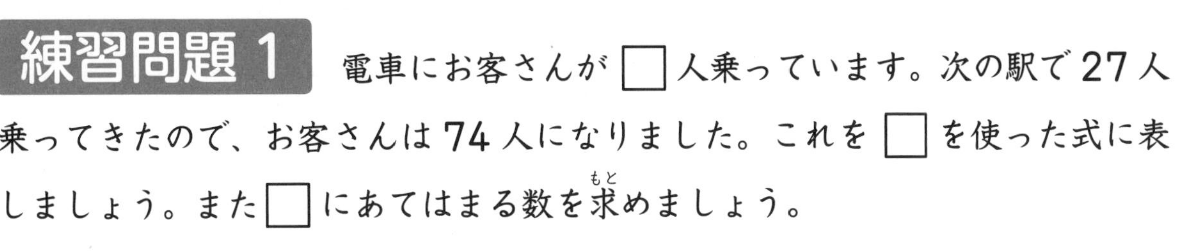

答えは、別冊⑰ページ

練習問題 1 電車にお客さんが□人乗っています。次の駅で27人乗ってきたので、お客さんは74人になりました。これを□を使った式に表しましょう。また□にあてはまる数を求めましょう。

ことばの式にあてはめます。

(はじめに乗っていた人数) ＋ (新しく乗ってきた人数) ＝ (今乗っている人数)

□ ＋ 27 ＝ 74

この□を求めるにはひき算をします。

□ ＝ 74 － 27 ＝ 47

答え： □を使った式　　　　□＝

練習問題 2 1個280gのボールが□個あります。これをまとめてはかりにのせたところ、全部で3640gになりました。これを□を使った式に表しましょう。また□にあてはまる数を求めましょう。

ことばの式にあてはめます。

(ボール1個の重さ) × (ボールの個数) ＝ (全体の重さ)

280 × □ ＝ 3640

この□を求めるにはわり算をします。

□ ＝ 3640 ÷ 280 ＝ 13

答え： □を使った式　　　　□＝

小4⑯ □を使った式

答えは、別冊⑰ページ

★☆☆

1 サトルさんは840円持っていましたが、お母さんからおこづかいを□円もらったので、全部で1520円になりました。これを□を使った式に表しましょう。また□にあてはまる数を求めましょう。

【解き方】

答え：□を使った式　　　　□＝

★☆☆

2 長さ□mのリボンがあります。これを2mずつに切り分けたところ、全部で16本できました。これを□を使った式に表しましょう。また□にあてはまる数を求めましょう。

【解き方】

答え：□を使った式　　　　□＝

★★☆

3 全部で□kmのマラソンコースがあります。4.85kmまで走ったところ、残り(のこ)は3.85kmでした。これを□を使った式に表しましょう。また□にあてはまる数を求め(もと)ましょう。

小数でも式の立て方は同じだよ。

【解(と)き方】

答え：□を使った式　　□＝

★★★

4 6Lのジュースを□Lずつに分けたところ、全部で24人に分けることができました。これを□を使った式に表しましょう。
また□にあてはまる数を求め(もと)ましょう。

□を求め(もと)るときの計算に注意しよう。

【解(と)き方】

答え：□を使った式　　□＝

小4⑰

表やグラフを利用した問題

つまずきをなくす説明

問題1 右のグラフは、ある日の公園の気温を調べ、まとめたものです。これについて、次の問題に答えましょう。

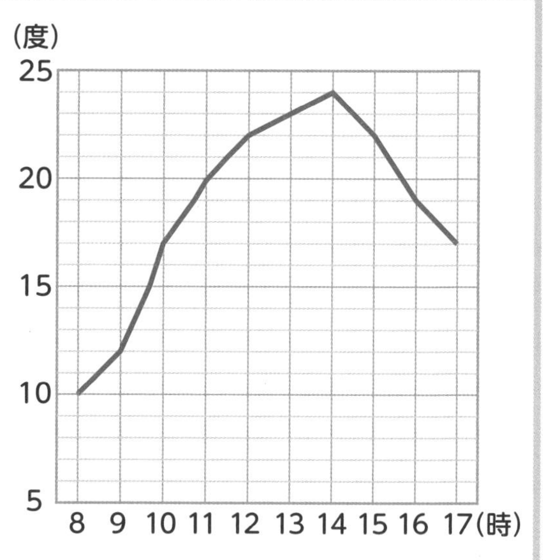

(1) この日、気温が最も高かったのは何時ですか。またそのときの気温は何度ですか。

(2) 気温の上がり方がいちばん大きかったのは、何時から何時の間ですか。

考え方のポイント

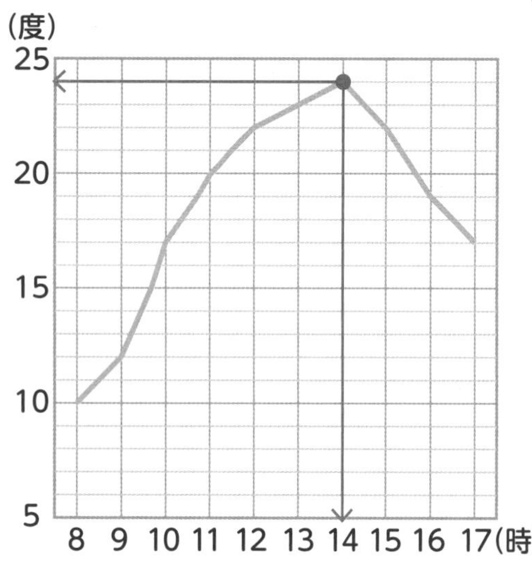

(1) 左のように、グラフの中で最も上にある部分を読み取ります。

答え：最も気温が高かったのは14時で、気温は24度

(2) このグラフでは、右上がりだと気温が上がり、右下がりだと気温が下がっています。またかたむきが急であるほど気温の変わり方も大きいです。グラフの中で右上がりで、かたむきが最も急になっている部分を探します。

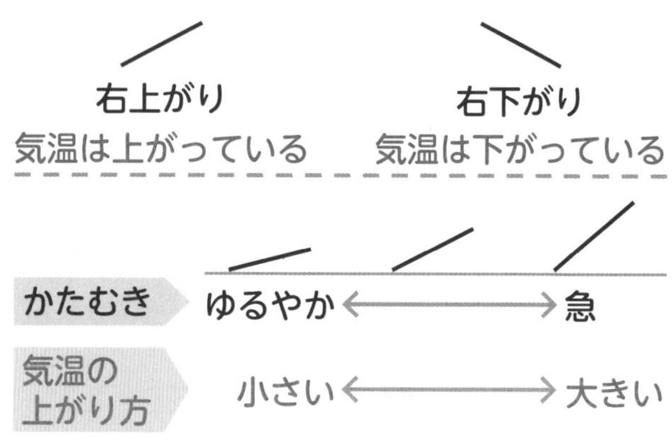

答え：9時から10時の間

問題2 右の表は学校で1か月間に起きたけがの種類（しゅるい）とけがをした場所についてまとめたものです。これについて、次の問題に答えましょう。

（人）

	体育館	運動場	教室	ろう下	階段（かいだん）	合計
切り傷（きず）	1	0	2	0	0	3
すり傷（きず）	2	6	1	3	2	14
打ぼく	5	1	2	1	1	10
ねんざ	2	0	0	2	2	6
合計	10	7	5	6	5	33

(1) ろう下ですり傷（きず）を負った人は何人ですか。

(2) 打ぼくした人は何人ですか。

(3) この1か月間でいちばん多かったのは、どこでどんなけがをした人ですか。

考え方のポイント

(1)「ろう下」と書かれた列と「すり傷（きず）」と書かれた行の交わったところに書かれている数字を読みます。

（人）

	体育館	運動場	教室	ろう下	階段（かいだん）	合計
切り傷（きず）	1	0	2	0	0	3
すり傷（きず）	2	6	1	3	2	14
打ぼく	5	1	2	1	1	10
ねんざ	2	0	0	2	2	6
合計	10	7	5	6	5	33

答え： 3人

(2)「打ぼく」と書かれた行と「合計」と書かれた列の交わったところに書かれている数字を読みます。

（人）

	体育館	運動場	教室	ろう下	階段（かいだん）	合計
切り傷（きず）	1	0	2	0	0	3
すり傷（きず）	2	6	1	3	2	14
打ぼく	5	1	2	1	1	10
ねんざ	2	0	0	2	2	6
合計	10	7	5	6	5	33

答え： 10人

(3) この表で「合計」と書かれた行・列以外（いがい）にある数字で最（もっと）も大きいものは6です。この6が書かれている行・列に書かれた場所とけがの種類（しゅるい）を読みます。

（人）

	体育館	運動場	教室	ろう下	階段（かいだん）	合計
切り傷（きず）	1	0	2	0	0	3
すり傷（きず）	2	6	1	3	2	14
打ぼく	5	1	2	1	1	10
ねんざ	2	0	0	2	2	6
合計	10	7	5	6	5	33

答え： 運動場 で すり傷（きず） を負った人

表やグラフを利用した問題

答えは、別冊⑰ページ

練習問題 1

右のグラフは、ある町での毎月の平均気温の変化を表したものです。これについて、次の問題に答えましょう。

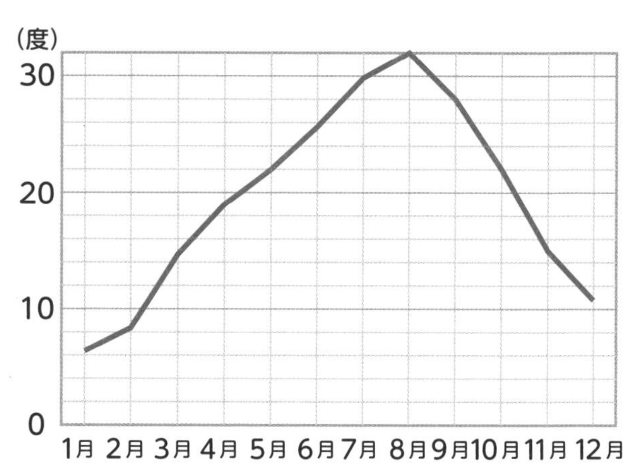

(1) 平均気温が22度の月は2つあります。それは何月と何月ですか。

(2) 平均気温の下がり方が最も大きいのは、何月から何月の間ですか。

(1) 下のように、22度の目もりを横に見ていき、グラフと交わったところの月を読みます。

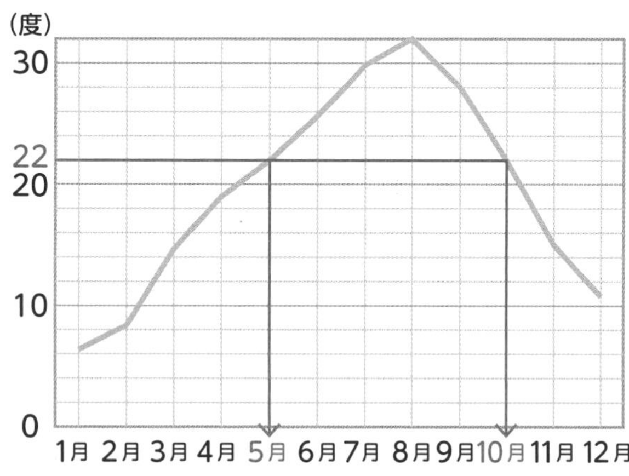

答え：　　月　と　　月

(2) 平均気温の下がり方が最も大きいということは、グラフでは右下がりでかたむきが急ということです。

グラフの中からこのような場所を見つけます。

答え：　　月から　　月の間

練習問題 2

右の表はある小学校の４年生全員に、国語、算数、理科、社会のうちどの教科がいちばん好き(す)かを聞いた結果(けっか)をまとめたものです。これについて、次の問題に答えましょう。

(人)

	1組	2組	3組	4組	合計
国語	15	10	12	13	50
算数	10	13	10	6	39
理科	4	7	5	7	23
社会	6	7	9	11	33
合計	35	37	36	37	145

(1) この小学校の４年生は全部で何人ですか。

(2) ３組で算数がいちばん好き(す)な人は何人いますか。

(3) この小学校の４年生全体で、いちばん好き(す)と答えた人が多い教科は何ですか。

(1) ４年生全体の人数は表の右下の部分に書かれています。

(人)

	1組	2組	3組	4組	合計
国語	15	10	12	13	50
算数	10	13	10	6	39
理科	4	7	5	7	23
社会	6	7	9	11	33
合計	35	37	36	37	145

答え：　　　　人

(2)「３組」と書かれた列と、「算数」と書かれた行の交わったところの数字を読みます。

(人)

	1組	2組	3組	4組	合計
国語	15	10	12	13	50
算数	10	13	10	6	39
理科	4	7	5	7	23
社会	6	7	9	11	33
合計	35	37	36	37	145

答え：　　　　人

(3) ４年生全体について、それぞれの教科がいちばん好き(す)な人数は、表の右はしの列に書かれています。国語、算数、理科、社会のうち、この列に書かれている人数がいちばん大きいものが答えです。

(人)

	1組	2組	3組	4組	合計
国語	15	10	12	13	50
算数	10	13	10	6	39
理科	4	7	5	7	23
社会	6	7	9	11	33
合計	35	37	36	37	145

答え：

小4⑰ 表やグラフを利用した問題

答えは、別冊⑱ページ

★☆☆

1 右のグラフは、学校の校庭で１時間おきに地面の温度を測った結果をまとめたものです。これについて、次の問題に答えましょう。

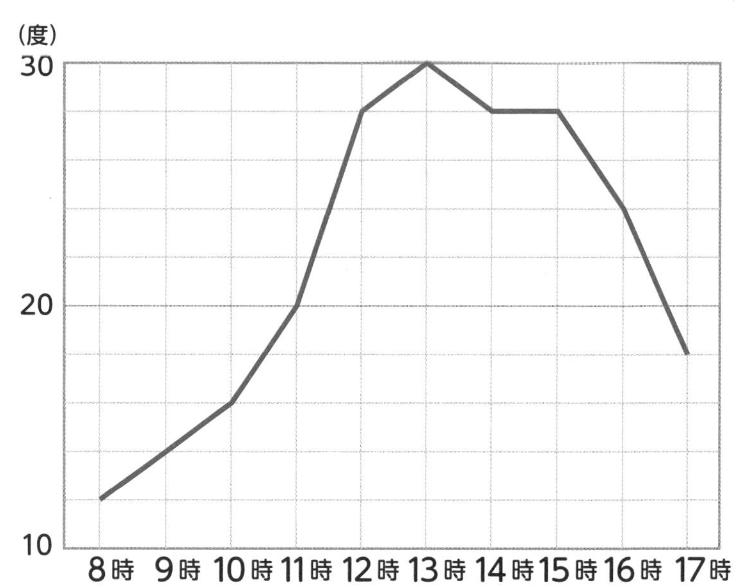

(1) 10時の地面の温度は何度ですか。

答え：　　　度

(2) １日のうち、地面の温度がいちばん高かったのは何時ですか。

答え：　　　時

(3) 地面の温度が変わらなかったのは、何時から何時の間ですか。

答え：　　　時から　　　時の間

(4) 地面の温度が最も大きく上がったのは、何時から何時の間ですか。

答え：　　　時から　　　時の間

★☆☆

2 右の表は、ある小学校で１学期の間に起きたけがについて、どの場所で体のどの部分にけがをしたかをまとめたものです。これについて、次の問題に答えましょう。

（人）

	手	足	うで	顔	合計
運動場	4	8	3	2	17
ろう下	1	4	0	1	6
体育館	5	10	6	3	24
教室	6	4	2	0	12
合計	16	26	11	6	59

(1) 運動場でうでにけがをした人は何人ですか。

答え：　　　　人

(2) 教室でけがをした人は何人ですか。

答え：　　　　人

(3) 体のどの部分にけがをした人がいちばん多いですか。

答え：

(4) 手にけがをした人数がいちばん多い場所はどこですか。

答え：

3 右のグラフはある町の毎月の平均気温と降水量をまとめたものです。これについて、次の問題に答えましょう。

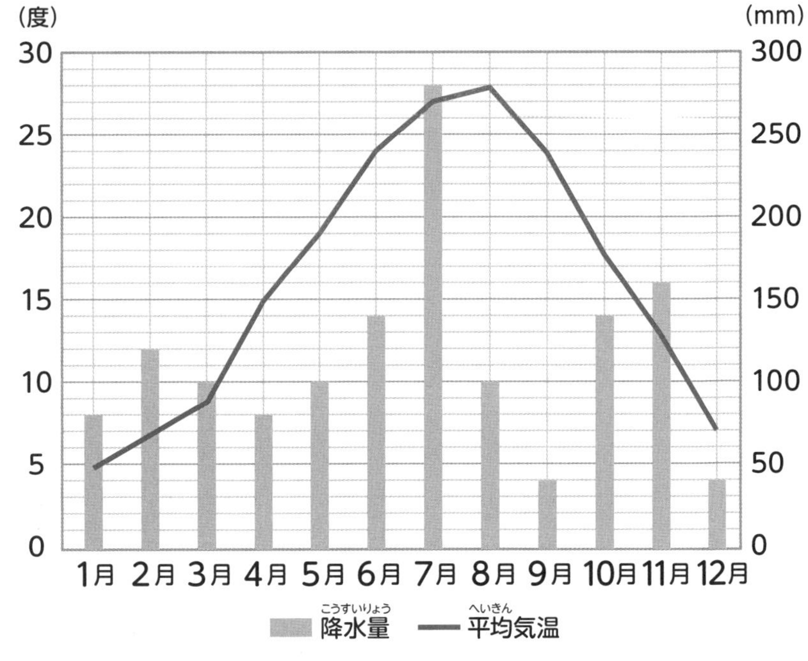

平均気温は左側、降水量は右側の数字を見るよ。

(1) 5 月の平均気温は何度ですか。また降水量は何 mm ですか。

答え： 平均気温　　　度　降水量　　　mm

(2) 平均気温がいちばん高いのは何月ですか。また降水量がいちばん多いのは何月ですか。

答え： 平均気温が高いのは　　　月　降水量が多いのは　　　月

(3) 平均気温の上がり方がいちばん大きいのは、何月から何月の間ですか。

答え：　　　月から　　　月の間

(4) 降水量が前の月に比べて 100mm 以上増えているのは何月ですか。答えは 2 つあります。

答え：　　　月と　　　月

「100mm 以上」増えたというのは、ちょうど 100mm 増えたときもふくまれるよ。

★★★

4 右の表はあるクラスで血液型について調べた結果をまとめたものです。
また、次の2つのことがわかっています。

(人)

	A型	B型	O型	AB型	合計
男子	ア	ウ	オ	ク	18
女子	イ	エ	カ	2	16
合計	12	6	キ	5	ケ

● A型について、女子は男子よりも2人多いです。
● B型について、男子と女子は同じ人数です。

これらのことから、表のア〜ケにあてはまる数を求めましょう。

わかるところから順に入れていこう！

答え：ア　イ　ウ　エ　オ
カ　キ　ク　ケ

コラムの答え

コラム①

（答え）ア＝5　イ＝2　ウ＝6　エ＝9　オ＝4　カ＝3

コラム②

（答え）□＝1800　富士山(ふじさん)の高さ　およそ3300m

コラム③

（答え）上に15（イチゴ）がのっているから

コラム④

（答え）□＝11

1日に時計の長いはりと短いはりが重なる回数　22回

コラム⑤

（答え）15＋1＋15　で　31回

西村則康（にしむら　のりやす）
名門指導会代表　塾ソムリエ
教育・学習指導に40年以上の経験を持つ。現在は難関私立中学・高校受験のカリスマ家庭教師であり、プロ家庭教師集団である名門指導会を主宰。「鉛筆の持ち方で成績が上がる」「勉強は勉強部屋でなくリビングで」「リビングはいつも適度に散らかしておけ」などユニークな教育法を書籍・テレビ・ラジオなどで発信中。フジテレビをはじめ、テレビ出演多数。
著書に、「つまずきをなくす算数・計算」シリーズ（全7冊）、「つまずきをなくす算数・図形」シリーズ（全3冊）、「つまずきをなくす算数・文章題」シリーズ（全6冊）、「つまずきをなくす算数・全分野基礎からていねいに」シリーズ（全2冊）のほか、『自分から勉強する子の育て方』『勉強ができる子になる「1日10分」家庭の習慣』『中学受験の常識 ウソ？ホント？』（以上、実務教育出版）などがある。

追加問題や楽しい算数情報をお知らせする『西村則康算数くらぶ』のご案内はこちら ➡

執筆協力／高野健一（名門指導会　算数科主任）、辻義夫、前田昌宏（中学受験情報局　主任相談員）

装丁／西垂水敦（krran）
本文デザイン・DTP／新田由起子（ムーブ）・草水美鶴
本文イラスト／撫子凛
制作協力／加藤彩

つまずきをなくす
小4　算数　文章題【改訂版】

2020年11月10日　初版第1刷発行

著　者　西村則康
発行者　小山隆之
発行所　株式会社 実務教育出版
163-8671　東京都新宿区新宿 1-1-12
電話　03-3355-1812（編集）　03-3355-1951（販売）
振替　00160-0-78270

印刷／精興社　　製本／東京美術紙工

ISBN978-4-7889-1979-2　C6041　Printed in Japan